我想成为你

I WANT TO BE YOU

佘桂荣 著

中华工商联合出版社

图书在版编目（CIP）数据

我想成为你 / 佘桂荣著. -- 北京：中华工商联合出版社，2022.6
ISBN 978-7-5158-3474-0

Ⅰ. ①我… Ⅱ. ①佘… Ⅲ. ①成功心理－通俗读物 Ⅳ. ①B848.4-49

中国版本图书馆CIP数据核字（2022）第097874号

我想成为你

著　　者：	佘桂荣
出 品 人：	李　梁
责任编辑：	吴建新
责任审读：	付德华
封面设计：	张合涛
责任印制：	迈致红
出版发行：	中华工商联合出版社有限责任公司
印　　刷：	北京毅峰迅捷印刷有限公司
版　　次：	2022年9月第1版
印　　次：	2022年9月第1次印刷
开　　本：	710mm×1000mm　1/16
字　　数：	138千字
印　　张：	12.5
书　　号：	ISBN 978-7-5158-3474-0
定　　价：	58.00元

服务热线： 010-58301130-0（前台）

销售热线： 010-58301132（发行部）
　　　　　　010-58302977（网络部）
　　　　　　010-58302837（馆配部、新媒体部）
　　　　　　010-58302813（团购部）

工商联版图书
版权所有　盗版必究

地址邮编： 北京市西城区西环广场A座
　　　　　　19-20层，100044

凡本社图书出现印装质量问题，请与印务部联系。

http： //www.chgslcbs.cn

投稿热线： 010-58302907（总编室）
投稿邮箱： 1621239583@qq.com

联系电话： 010-58302915

目 录

前　言　不满足的人生　　　　　　　　　　　　　　001

PART 1　我成为我

第 1 章
身处逆流，也要扬帆而上

1.1　生于农村，向爱成长　　　　　　　　　　　004
1.2　重男轻女，是阻力也是动力　　　　　　　　009
1.3　上学，是向梦想踏出的第一步　　　　　　　017
1.4　带母看病，不畏艰辛的 12 岁　　　　　　　023
1.5　为母改"命"，离开家乡　　　　　　　　　029

第 2 章
梦想无限，人生就不应设限

2.1　初出茅庐，单枪匹马闯社会　　　　　　　　037
2.2　披荆斩棘，迎难而上不畏苦　　　　　　　　041
2.3　自主成长，择善而从寻新路　　　　　　　　047

第 3 章
不甘平庸，于无声处听雷

3.1	人生转折：求学以外的安身之法	054
3.2	第一次创业：懵懵懂懂	060
3.3	第二次创业：认准方向	067
3.4	第三次创业：祺源诞生	075

PART 2　你成为我

第 4 章
蝴蝶振翅，细涓润物无声

4.1	做女儿：包容父母一切	084
4.2	做妻子：交流沟通同频	090
4.3	做姐姐：妹妹是另一个我	095
4.4	做母亲：女儿将超越我	101

第 5 章
初心不改，善意常怀心间

5.1	真诚相待，员工尤似家人	108
5.2	以身作则，品德排在第一	116

5.3　心存善意，倾囊回报社会　　　　　　　　　　　125

PART 3　我与我们

第 6 章
不断试错，跑上正确赛道

6.1　从零探索，第一次带徒弟　　　　　　　　　　132
6.2　人才盘点，为每一个人负责　　　　　　　　　　140
6.3　唤醒员工思想，成立人才培育中心　　　　　　　148
6.4　全方位标准化、流程化、体系化　　　　　　　　157

第 7 章
顾客至上，价值超越预期

7.1　成为健康肌肤定制领导品牌　　　　　　　　　　169
7.2　做一家透明化企业　　　　　　　　　　　　　　176
7.3　把健康和美丽带给更多女性　　　　　　　　　　179

后　记　　　　　　　　　　　　　　　　　　　　　183

前　言

不满足的人生

十二年，是中华传统生肖的一个轮回。

十二岁，是一个人即将告别稚嫩的童年，迈入需要自己琢磨全新成长框架的青春期起点。

十二载，是我即将陪伴祺源走过的岁月。

转眼间，我投入了大量心血与精力的祺源，已经走过了12个年头，进入了对于一个孩子而言最后一年的"童年时光"。

回顾过往的12年，收获了一路成长的祺源，就像是一张我过去人生的答卷。我用了30多年的时间在人生大课堂里学习、挑战，再学习、再挑战……最终带着被磕绊和教训填满的灵魂，走进了这个铺着祺源这张考卷的考场。

在这个考场上，我回顾了自己前30多年的人生。我发现自己在不知不觉中领悟了很多，也改变了很多，不简单的成长环境没有让我认命，反而激发出了让我不愿给自己设限的冲劲儿。这些态度是我成长的养料，也是我想要分享给员工的宝藏，而打开这一切的钥匙，就是我对人生的不满足。

一、学会不满足

或许成长至今的祺源，在许多顾客与员工看来早已不再是一个孩子，而是一个值得信赖的成熟伙伴。可是在我自己的眼中，它虽然和我当初预期的一样，经历了12年的茁壮成长，但依旧是个懵懵懂懂的小孩——因为我仍然不满足于它现在已经拥有的成长。这也是自我只身一人闯入社会以来，无论人在哪里、在做什么、前进到了怎样的位置，从来都没有改变过的想法。

可值得注意的是，不满足并不代表贪得无厌。

后者的贪欲是一个人脱离现实地渴求自身能力、资质以外的东西，并且自己丝毫不想为之付出相匹配的努力与坚持，只想无节制、无底线地坐享其成；而前者的不满足，是持续性地针对自己提出更高的要求，想要爬着梯子向上，却也懂得自己为脚下的每一步垒好台阶，知道要靠自己的能力满足那些"不满足"。

因为不满足，不满足于现状，不满足于自己，不满足于他人的评价与眼光，所以我从未停下自己的脚步。我必须不断向前，不断挑战自己的上限，只有因不满足而一直奔忙在追逐的路上时，才能让自己获得足够的安全感。

这份因不满足而来的、始终在奔跑中的安全感，推动着我走过了很长很长的一段人生，我很感激它将我磨出了异常坚毅的性子，这份坚毅是让我成长为现在的余桂荣的重要助力。

而如今，它也成为让祺源稳步向前的动力。

我在初期创立祺源时就明确意识到，自己只有触碰到行业的天花板才能真正做好这一行，否则便不过是在这一行当里小打小闹混口饭吃，这绝不应该是我的人生状态。于是，**成为中国健康肌肤定制领导品牌**的企业愿景便这样一锤定音。这一份信念原本起始于对母亲的孝顺之心，在漫长的人生历练里，被一点点打磨成了想要**让天下女性更健康、更美丽**的使命感。

既然做了，那就一定要拼尽全力做到最好，不仅仅是我自己要这样，由我创造的祺源同样需要这样。一个人只有不满足才会时刻提醒自己需要进步，而一个企业，也只有一直都不满足，才能保持向上的态势与激励员工的活力。

可是，并不是所有人都有勇气为自己承诺一份"不满足"。人们总是容易在历经千辛万苦、实现了一个人生目标之后，就马上松懈下来。就像在体育测验中，田径场上好不容易结束了长跑的一些人，他们往往在抵达终点的那一刻，便忍不住踉跄着倒下休息，彻底地放松自己。

当全身的劲儿都忽然卸下之后，再想在不久后的起步时刻迅速回到那种绷紧一切、全力以赴的状态，就很难了。甚至这种松懈带来的惬意感，会让人根本不想再从休息的状态里走出来，整装蓄势与彻底躺平，不过就是冲刺时那一念之间的事情。

对我自己来说，每一个冲向终点的瞬间，都同时是我下一个赛段的起点，完成每一个赛段的喜悦，不需要我停下来为它大肆喝彩，因为每一次的实现都会被心中的"不满足"催生出新的目标，那些喜悦便会被我迅速转化为冲刺下一个赛段的动力。

二、接受不简单

其实，从我离开家乡，真正开始为人生奋斗的那一天算起，已经过去了二十余年的时间。在这二十余年里，我从一个名不见经传的工厂工人，一步步走到了现在的位置。一路走来，我就像是一名下定了决心想要挑战自我，却又毫无经验的孤独的攀登者，虽然怀着壮志雄心上了路，但又时时刻刻被突如其来的陌生逆境打击着、折磨着。

因为没有经验，所以即便心中有方向也容易在陌生境遇中迷路；因为没有经验，所以总是在真正面临困窘时才知道自己原来许多方面都还没有做好准备；因为没有经验，所以踏过的每一步都会在心里留下沉重的痕迹……

没有经验与依靠，或许的确是一位孤独的攀登者在征途中如影随形的大难题，但我却自始至终都不相信自己会被这些困难给放倒。在农村出生、成长的我，自拥抱阳光的那一刻起，就没有过过轻松的日子，注定会遭遇的偏见一直伴随着我整个童年与青春期。

我们这样的女孩儿，被不公平包围着成长，它们总是拉扯着我们往一条古旧的道路上行进，那是一条踏上去就能看清结局的路——因为已经有太多的女孩儿走过、哭过、挣扎过、妥协过。所以，我从来都没有为自己设想过简易模式的成长之路，在我看来，我只有将成长的目标设定为困难模式，才能让自己匹配得上出生即被限定的困难之境。

我时常庆幸自己没有成长为那片环境希望我成为的模样，不满足的心让我收获了一份意外的礼物——踏实与坚毅。它们是帮助我不断攀登的左右手杖，也是我披荆斩棘的双刃，而那些吃过的苦，全都一点点变作了我前进路上护体的盔甲。

目之所及的不公经历虽然让我深刻地意识到，或许以前很难有女孩儿可以在固执又嘈杂的偏见声中成长为自己真正的模样，但也让我发现并坚信，如果能像我这样不怕为自己的不满足冲锋，接受自己需要被所有不简单的境遇打磨，我们就可以看到一个不一样的世界，迎接一个不一样的自己。

三、不设限的，不会仅仅是我自己

当我亲自走通这条自我发现、自我成长、自我突破的路之后，我便迫不及待地想要分享给更多与我陷入了同样困境的人。是从小带着弟弟妹妹生活的惯性责任感也好，是人性中多多少少都包含的那一点点好为人师之心也好，对自己的人生不设限的我，在突破自己之后的下一个不满足，便落在了祺源的每一个人身上。

我想要以自己为范本，让每一个加入祺源的人都挣脱出原生环境偷偷束缚在我们身上的枷锁。我走了太多的弯路才摸清楚每一根链条应该如何解开，现在，此刻，在祺源，我希望借由我的帮助，可以有更多的人不需要走那些弯路就可以唤醒全新的自己。

人，总还是需要为自己制定一些理想化的目标，不为别的，只为了让自己负起足以匹配得上自身能力的责任——这是我在创立祺源的最开始，便在心中暗自许下的承诺。所以，在带领祺源摸索、探究前路的过程中，我也时常反思，时常总结，认真归纳了自己过去的诸多经验。最终，终于在伙伴们的共同努力下，齐心打造了祺源自己的人才培育中心。

在祺源的人才培育中心，我与伙伴们所有的经验，所有吃过的苦和撞过的南墙，在众人的智慧下，都化为一个个精致的课件、一堂堂浓缩有料的专业课，向所有对自己的上限抱持着期待与梦想的人伸出了给予助力的双手。

而我也不仅仅是做了成立它这一个动作，实际上人才培育中心的每一个细节，我都让自己主动做好把控。每一堂课程中流程与内容的安排，每一个课件的设计，甚至每一个讲师的话术，我都会亲力亲为地考核、督促。

我希望，身为服务行业的祺源，不仅在本职工作上能够发光发热——可以为自己的顾客提供优质的服务——同时也能真正服务每一位加入祺源的员工。每一位选择追随我的祺源人，他们将不仅仅在这里收获物质、技能上的满足，他们还能在我的影响与引领下，突破自己的人生围墙，成为像我一样不愿为自己设限的追梦人。

怀揣着这样的初心，我一路耕耘，站在了祺源12岁的节点之前。

2010年的6月8日，当还未改名为祺源的忆诺贝姿出现在人来人往的乐天广场时，这一场不设限的人生计划，就已经鸣响起跑的那一枪。从只有我一人奔跑、众人围观的赛道，到现在成功容纳成百上千名正在奔跑的祺源员工的赛道，我明白，这一步我走对了。

当你踏踏实实地取得了一份充满生命力的成功，又尽心尽力地向周围人伸出援手时，没有人不会想要成为你的模样。

而这，也正是我下定决心写下此书与大家分享自己走过的人生的原因。

我要感谢我的丈夫，无论是在我初出茅庐、举目无亲时，还是在我衣食无忧、驰骋职场时，甚至是在那些负债累累、前程迷茫的黑暗时刻，他从未对我失望过，始终对我们的生活抱有热情，全力支持我做出的每一个选择，一直都是我生活与工作中最坚实的后盾。

我要感谢在一切尚未明朗时便追随我来到南方，从我的徒弟，到我的左膀右臂，再到如今成长为能独当一面的姜总。在他的身上，我看到了祺源人才培育中心的雏形与未来，预见了祺源员工更多的可能性。

我还要感谢选择了祺源，也选择了我的每一位员工。留在这个赛道上的每一个人，都是祺源如今越做越好的动力，你们不仅是自己家庭里独一无二的榜样，更是整个祺源大家庭里独一无二的存在，而决定着祺源接下来该何去何从的缰绳，此刻正握在你们每一个人的手里。

最后，我要感谢所有那些将我从短暂的泥泞中拉起来的人，无论是已经多年不见的师长校友，还是曾经匆匆擦肩的街边路人，正是那些于你们而言不足挂齿的举手之劳，一次又一次地向我传递了蕴含着坚强的力量，才让我遇见祺源，且最终得以带领着祺源走到今天的位置。

这一次，让我用回忆的片段、温暖的文字，安安静静地向你们讲述这一段不满足的人生。

佘桂荣

2022年9月

PART 1

我成为我

第1章
身处逆流，也要扬帆而上

1973年的春天，我成为泗洪成子湖旁一个农村家庭迎接的第一个小生命。在那样一个每个人都不太容易的年代里，出生于农村家庭的女孩，或许注定要承受更多命运的不公与成长的坎坷，在骨子里重男轻女的父亲面前，我自然也没能逃过生活压在农村女孩肩上的磨难。

"我长大了，一定要想办法比他强，他因为自己的学识与能力受到了别人的尊重，而我一定会比他更厉害！"——这是我在七岁的年纪便已暗暗下定的决心，我一定要赢得父亲的认可，让他看到我！

1.1 生于农村,向爱成长

当我真正感知到这个世界的时候,是初春的微风第一次拥抱了我。

1973年的春天,我成为泗洪成子湖旁一个农村家庭迎接的第一个小生命。在那样一个每个人都不太容易的年代里,出生于农村家庭的女孩,或许注定要承受更多命运的不公与成长的坎坷,在骨子里重男轻女的父亲面前,我自然也没能逃过生活压在农村女孩肩上的磨难。

有些人很容易在这种压迫感浓重的不公平待遇里生出躁动不满的怨气,更多的人是生出毫无生命力的丧气。或许是源于人类的脆弱天性,当"不被认可"成为每天的日常之后,"认命"往往会成为绝大多数人的选择——可我却没有被这种不幸的情绪淹没。

在被至亲忽视的冷漠里,在被周围大人们按照习惯提前"判定"的人生道路前,所幸的是,还有一根缠绕着爱意的藤蔓垂在我的眼前。

第1章　身处逆流，也要扬帆而上

那根藤蔓为这磨人的黑暗带来了星星点点的光亮，那些光牵引着我牢牢地抓住了这根有些温暖的藤蔓，即便这个时候的我还不明白它会将我带到哪里去，但我本能地意识到自己既不想成为只会抱怨的人，也不想成为默许暗流包裹住自己的人。

这份温暖，来源于我的母亲。

自我有记忆起，她就是个温柔的女子。这么多年来，母亲包揽了家中大大小小的许多琐事，父亲则很少出现在一些琐碎日常中，更鲜少参与到与我相关的话题里。更喜欢男孩的父亲总是会对我和妹妹们摆出一副严肃的面孔来，在这种威严之下，许多或严肃或孩子气的请求，我们再有兴趣也都不敢在他面前声张。

但母亲却将我们的许多渴望都看在眼里，她不会像父亲一样无视我们的小心思，也不会像其他大人一样教育我们应该怎样、不应该怎样，反而常常会替我们出面向父亲要个许可，比如新衣服，比如去上学……父亲在其他人面前说一不二的做派，一遇上母亲便会化作绕指柔。

然而这个一直用宽容与耐心对待家人的女人，却未曾拥有一个幸运的童年。在她刚刚五个月的时候，我的外公就牺牲在了朝鲜战场，尸骨无存，外婆随后便选择了改嫁，幼小稚嫩的母亲就这样被送去叔叔婶婶那里讨生活。女孩的身份与并不紧密的亲缘关系，让她成为这对夫妻眼中"讨厌的累赘"，寄人篱下的生活对于我母亲来说，仿佛是一场漫长的刑罚。母亲是被折磨大的，这种认知让我从小就对母亲怀有一种不适龄的疼惜。

母亲在19岁时嫁到了佘家，那个时候的嫁娶很难有什么一眼万年的浪漫桥段，许多人就是从一个普通日子来到了另一个普通日子。不过对于母亲来说，出嫁大概反而更像是一种解脱，她终于不用再忍受肆意的打骂。

未知的婚后生活，总是很容易给人们带来不安与焦虑，可在她的眼中，这样的转折点却反而可能是一个喘气的机遇——不论如何也不会更糟糕了吧。

这一次，生活带给母亲一个从来都不敢奢求的惊喜。佘家的两位老人并不是挑剔的公婆，反而因为她从小受到大的苦日子而分外心疼她，以至于视若己出。这份迟到了19年的爱意与温暖，清柔地安抚着这位可怜的女子。

记得以前在一篇报道中看到过许多人探讨原生家庭对孩子成长的影响：成长于极端环境的人，在长大的过程中往往会发展出两种截然不同的性情，一种是让自己成为同样会给别人带来痛苦的人，另一种是不愿再让别人经受自己经历过的痛苦。

母亲显然在苦境中成长为后者，这种即便放在现代社会也难能可贵的公婆态度，让她慢慢学会了怎样去爱，也逐渐懂得如何用行动珍惜爱。

在佘家，母亲几乎付出了她所有的爱意在每一个人身上。她孝敬公婆，像对待生养自己的父母一般耐心又细心地照料两位老人的生活起居，爷爷奶奶原本便不是刁蛮挑剔之人，偶尔有些请求，母亲总是会笑呵呵地应下，能马上去做的便一刻也不愿多耽搁；她体贴父亲，因为父亲的工作性质，家里的杂务与农活父亲鲜少能帮上什么忙，每每父亲忙得不见人影时，家中所有的重活便几乎都压在了母亲一个人身上，但她从不抱怨，总是很体贴地与父亲打着配合；她疼爱我们每

第1章　身处逆流，也要扬帆而上

一个孩子，虽然她不懂得太多的表达，可是许多默默操心的行为与照顾，都在尽力让我们能在这个小家庭里收获更多的快乐。

她才刚刚从人间收获善意，便义无反顾地将更多的善意展示给了身边人，那过去19年间承受的痛苦、不甘与折磨，几乎就像烟雾一样消散在她的人生里——她明明是在几乎暗无天日的深渊里长大的人。

母亲不是文化人，不懂得什么叫"言传"，但她一直以来爱人的行为却像在对我进行严肃而又深刻的"身教"。每当我因为父亲的冷落陷入困顿时，我都会想起母亲这小半生的经历，那些黑暗的情绪就似乎不再那么令人心烦意乱。这种来自母亲的摒除黑暗、积极爱人爱己的能力与态度，后来对我有许多的帮助，更成为我创业理想的底色。

记忆中除了母亲，最理解爱的便是我的爷爷。

在我们的小村上，爷爷是位声望极高的老人，我总觉得，说他是月老下凡也不为过。他这一生为数不清的新人做媒，好像亲自让一对对年轻人拥有自己美满的归宿，就是他这辈子最幸福的事情。可爷爷对爱的认知让他并不仅仅满足于做媒，长久的陪伴与包容是他对爱做出的独家注解，因此，他牵起的红线几乎都是包"售后"的。

今天是这里的小夫妻闹了别扭，明天又是那边的公婆有了意见，都说清官也难断家务事，偏偏爷爷就能游刃有余地从中调和。渐渐地，不仅是同村的左邻右舍喜欢来找爷爷论论家长里短，附近几个村的人也都爱来爷爷这里"解决"一下个人问题。还没婚嫁的就让爷爷给找个对象，老实过日子的就麻烦爷爷处理处理家庭纷争，一来二去，爷爷成了方圆好几个村一同尊敬的人物。

那些让人争得脸红脖子粗的鸡毛蒜皮的小矛盾，在爷爷的两三句话里就能轻松化解。他总能准确地感知到每个人固执之下的真实渴望，灵敏地辨认出大家伪装出来的情绪，为大家结束那些令人头疼的误解。农村里的家庭，口不择言的争吵与打骂总是常态，比起感情，大家更在意那些老祖宗传下来的规矩——男人应该怎样，女人应该怎样，父母可以怎样，孩子必须怎样……

其实绝大多数的矛盾，实际上都是有人"违反"了"本应这样"的规矩，大家不仅自己生活在这样教条式的规矩里，还习惯于要求其他人也按照这样的人生活着——就像我从小听惯了的那些教训一样——它们伴随着一个人的身份与性别，牢牢地禁锢着每一个人的言行举止，稍有越界，便会带来许许多多的麻烦。

但爷爷不愿意拿那些陈腐的规矩说事，在他心中，跟随规矩评判一个人、一个行为的对错是不应该的，他更愿意认真凝视每一个人言行之下的真心。因为建立在刻板印象之上的规矩多了，人的感情就不再那么重要了，那些**理解**与**包容**就成为天方夜谭。

长大后我才明白，爷爷认准的，是真正生而为人的"公平"，那些理解与包容是维系人与人之间公平性的"尊重"。

许多年后，无论是在生活中，还是在面对企业的员工们时，我也仍然下意识地遵循着母亲与爷爷的爱人、处世方式——这是我在成长困境中眼前唯一出现的藤蔓，我抓住它奋力成长，努力将或许本该认命平凡的我，塑成了并不平凡的佘桂荣。

不平凡，是我历经千难后对曾经做出的感叹。

1.2 重男轻女，是阻力也是动力

都说穷人的孩子早当家，我们家当时的条件在村里虽然算不上穷苦，可是比起县城的家庭来说，还是显得有些捉襟见肘。父亲虽然是村里的会计，算得上是有文化有见识的人物，但他深刻在骨子里的如其他人一样重男轻女的传统思想，却注定无法让我的成长比其他农村孩子多一点点体面与容易。

在这个普普通通的小家庭里，父亲对母亲千般好，对周围六七个村子的村民也很好，却唯独对我和几位妹妹严厉得不像话。从我有记忆起，他就守着重男轻女的"老规矩"，在我们姊妹面前一直是一位不苟言笑，甚至有些严苛自私的长辈。我很少见到父亲在我面前绽开笑脸，为数不多的快乐情绪都是在面对母亲时才会流露出来，他对我的生活起居也不那么关心，从不过问我的生活细节，也不爱和我说话。

虽然父亲本来就是个不太爱说话的人，可作为一个父亲，他对他的孩子还是太过于沉默了。对于一个本能地渴望被爱的孩子而言，父亲的冷漠就像是一柄抵在脖子上的长剑，强行撕裂开了原本血浓于水的亲密关系，横在我与父亲之间的，是一段始终无法走近的距离。

村子里的乡邻们在我面前虽然不像父亲那样冷淡，但在这个重男轻女是"基本守则"的小乡村里，言语间的刻板印象往往就像吃饭喝水一样常见。村里的男孩子在大家眼中总是代表着一种值得期待的希望，"有没有出息"这样的话题仅限那些男孩子间的对比争论中，而关于"责任""未来"这样的幻想，总是会在一个女孩出现时戛然而止。

"会不会做饭了？"

"现在要教她拿针啦。"

"你看你妈多勤快，你得跟她多学学，以后在婆家才好说话的！"

乡邻们总是会在目光落到我身上时重复着这些理所当然的教训，他们没有恶意，可我却莫名地总能感受到一股委屈的情绪：为什么男孩子总能轻易被给予更遥远更复杂的期望，似乎是一个家庭的支柱、一个家庭的根，而女孩子却只能在那些琐碎的家庭日常里找到自己不被期待的价值与意义。

虽然我当时还不明白这种态度的差异是什么意思，可幼小的我却总有一种似乎被大家抛弃了的感觉，好像身为女孩的我对于一个家庭而言是个可有可无的存在，父亲的冷淡更像是对这种认知的盖章画押。

大家都经历过孩童时期，大概都有过不小心弄坏一些家用器具的经历，或是瓷碗瓷勺，或是工具摆件。当失手的孩子还太小的时候，多数家长无论是选择训斥还是谅解，都不会对"始作俑者"过分苛责。

第1章 身处逆流，也要扬帆而上

但我从小到大却很少得到这样的宽容，在父亲面前，不到六岁的我就已经需要成为一个"不许出错"的人——失手弄坏了东西，等待我的往往是一顿严厉的打骂。幼时的我还无法辨认这份严厉是源于父亲对女孩身份的在意，还是家庭节俭的规矩导致的，我只清晰地记得自己绝不被允许犯这样的错。

没多久，一心好强的我在某次不小心打碎了一个小碗后，坚定地向父母承诺："未来，我一定10倍地还给你们，这些东西你们是花多少钱买的，我一定翻10倍给到你们。"

那时的我才刚刚六岁，但却已经开始深刻明白什么是责任。从那一次以后，每一次犯错被责罚，我都会认真地记在自己的本子上：我损坏了家里的哪一样东西，我因为什么样的错误又挨了打……它们是推动我成长的一砖一瓦，一次又一次的记录就像人生警钟一样，一声一声提醒着我，未来的独立与强大有多么诱人。如果说，那个时候的同龄人心中闪着光彩的"心之所向"还是一顿引人垂涎的大餐，或是一套做工精致的新衣，那我最最渴望的东西，注定得不到周围人的理解——后来事实也证明的确如此。

而有一些辛苦，是农村孩子必须咽下的生活。父亲是村里的会计，经常有许多村里的事情要忙，甚至邻村有一些事务也需要父亲亲自去解决，母亲就一个人挑起了家务与农活的重担。大人们都忙起来的时候，连自己都没办法好好照顾，更何况分心去顾一个孩子。

有许多次，大人们忙到了正午都见不着人，等母亲匆匆忙忙地回到家里时，父亲吃不上饭，她自己还饿着，孩子也饿着，又只能一刻不停地顶着一身疲惫与汗水赶紧起灶做饭。

我看着异常辛苦的母亲总是感觉心里酸酸的，自己需要帮大人们做点什么的想法一天比一天强烈。于是，六七岁的我在比灶台高不了多少的年纪里就成了厨房的常客——每一次母亲在厨房里忙活的时候，我都专心致志地盯着她每一个操作。

母亲一开始以为我是饿了，总是抽空便安抚我一两句"快了，快了"，见我每次仍然会腻在厨房不走，慢慢地也就没工夫赶我了，偶尔忙不开的时候甚至也会喊我帮点小忙。我就这样陪着母亲在厨房里度过了许多个做饭的时光，她或许以为我是无聊又好奇，又或者是饿了在无声地撒娇，我也从来没有向她解释过自己的坚持。

直到有一天，再次晚归家的父母一推门就看到了饭桌上还冒着热气的饭菜。

那是我一个人在日复一日的观察下自我修炼出的厨艺，是我亲手做出的第一顿饭。如果是城里的孩子，那一刻一定会收获来自父母的大大的拥抱和炽烈的亲吻，还有数不清的称赞与鼓励。

可这里是农村，我是那个注定要学会这些的女孩子，大人们好像只有片刻的惊讶，但又理所当然地接受了我的成长。当我多年后再次回忆那顿人生中的第一桌饭菜时，我早已记不清父母当时有过的表情与言语——或许正是因为我并没有接收到什么特别的表达，所以关于大人们的反应才这么模糊。

然而，我却异常清晰地记得自己心中的自豪感，我知道当时全村与我同龄的孩子里还没有人会自己做饭，我是村里年龄最小的"厨师"，这足以让我内心感到无比地雀跃。特殊的成长环境早已将我的思维方式训练成了有别于同龄人的模式——当周围的环境没有给我积极、

第1章 身处逆流，也要扬帆而上

正向的反馈时，我总能从自己的角度找到自己认定之事的意义。

在往后的岁月里，我没花太久的时间就学会了至少十几个菜，甚至更为复杂的馒头、苏北大饼也不在话下，没有人特意教过我，但我却已经可以独立张罗一桌耐看又好吃的饭菜。支持我认真学厨并精进厨艺的，除了想让大人们在劳累之后能及时吃上热乎饭菜的愿望，还因为我想和同龄人不一样的好胜心。

我异于同龄人的好强之心其实源于我的父亲。

我的父亲从小到大都是一个骄傲的人，爷爷奶奶老来得子，奶奶47岁的时候才迎来这个大家庭的第一个儿子，也就是我的父亲。在家中排行第四的父亲享尽了所有人的宠爱，难得的是，他自己虽然因此生出了骄傲的性子，在学习上却十分刻苦争气，并没有长成骄纵顽劣的模样。

在农村，父亲成长的年代里连高中生都是"稀有物种"，在学习上小有成就的父亲就自然而然地成为村里特别的存在。学识养出的气场任何人都难以忽视，于是，年轻又骄傲的父亲在19岁时就当上了村里的会计。一时间，他成为村里相当有威望的存在，除了职责范围内的工作，写得一手好书法的父亲还常常被乡邻们拜托帮些小忙。每逢喜庆的大事小事，周围十几个村子的人都会来找我父亲写毛笔字，然后带回家制作灯罩。

父亲是个不太爱说话的稳重性子，威严感也不仅仅是在面对我们几个女儿的时候才有，这股不怒自威的气场实际上任何时候都环绕在父亲的身边，只有在笑起来或与人交谈的时候才会被冲淡一些。但面对乡邻们各种各样的"麻烦"，父亲却从来都不会觉得麻烦，反而始终在用心地满足大家的需求，这也为他赢得了更多的尊重。

幼时的我在对这份尊重一知半解的时候，就下意识地对它充满了渴求，因为我能感知到这是父亲和乡邻们碍于我女孩儿的身份而吝啬给我的东西。我虽然还不能确切地理解**尊重**与**敬仰**真正意味着什么，可我不甘心因为女孩儿的身份就连拥有它的尝试都不可以有。严厉的父亲虽然不可避免地成为我自主选择成长方向的阻碍，但也理所当然地成为我争取自己想要的未来的动力，他就这样渐渐成为幼小的我的信仰，学习他、模仿他成为我最大的兴趣与活动。

可是再有学识，父亲在男孩女孩的养育方向上还是没能摆脱略显封建的传统观念，在这个略微有点偏远的村落，人们在思想意识上还是比城镇中的人差了一截。在他眼中，女孩子并不需要太多的学识，家庭要是将有限的精力与金钱耗在以后注定要嫁人养娃的女孩子身上，那便是一场可笑的浪费。

我却一直没有因为父亲有这样的态度而记恨过他——他无心招呼我上学，我自然有我自己的方法争取到机会。可关于学习的启蒙，留在我记忆中最最深刻的痕迹，却是时光里另一段"偷学"的经历。

父亲在家里有一个专属的办公区域，方方正正的书桌上就摆放着他所有的文具与书报。我经常在父亲出门后溜进这片与劳苦的田间生活"格格不入"的文雅之地，那些简单的笔记本上满满的都是他潇洒的字迹，而我就在他的笔记本前铺开自己的纸和笔，一笔一画地模仿他的字体。

那时的我虽然为自己争取到了入学的机会，但是那些潇洒的笔画对于毫无基础的我而言仍然显得有些吃力。可放弃的念头从来没有出现

第1章 身处逆流，也要扬帆而上

在我的脑海，就这样一日磨一日，我就像在墨池边沉心画梅的王冕——即便艰苦的境遇将生活重担毫不留情地同时压在了本应专心求学的孩子身上，可被命运点名的孩子却始终没有放弃过一刻学习的时机。

见缝插针的模仿训练，让我收获了一手漂亮的书法，每当我看着汉字笔画在我手下徐徐展开时，我的胸腔里都会冒出一股难以克制的兴奋——我离父亲似乎又进了一步。

我不知道那时大胆的行为有没有被父亲发现，但他一直都没有和我提及这件事。或许是我真的被父亲完完全全地忽视了，又或许是高傲的父亲不屑于点评我为学习与模仿所付出的努力，这种无视与平时生活中的严厉交织在一起，就像在我心中播下了一颗名为"好强"的种子，重男轻女的惯性态度成为这颗种子安身扎根的土壤。

"我长大了，一定要想办法比他强，他因为自己的学识与能力受到了别人的尊重，而我一定会比他更厉害！"——这是我在七岁的年纪便已暗暗下定的决心，我一定要赢得父亲的认可，让他看到我！

那时因为父亲的工作关系与个人威望，一个月里几乎有二十几天，我们家都是十几个人围坐一桌吃饭。这里面大多数都是非亲非故的乡邻们，他们诚服于父亲身上的领导力，又欣赏父亲的为人与学识，总乐意与他多亲近些。

这样的用餐时光几乎成为我的"第二课堂"，小孩子一向很少有机会可以和大人们无视辈分"成见"而谈笑风生，可在我家的饭桌上，这种交谈成为"日常"。我下意识地观察着父亲的谈吐仪态，在常态化的饭桌闲聊里，我渐渐记住了如何与陌生人打交道。虽然性格内向的我一时间还很难成为在成人的餐桌上高谈阔论的一分子，但长期近距离观察大人们交谈的经历,还是为我在心底压下了扎实的印象,往来间的只言片语,也在加速向我传达这个世界的许多规则——这都是当时的同龄人还没能接收到的信息。

所有这些便利,都在潜移默化中奠定了我表达力与领导力的基础。

向父亲看齐的心态,自然促使我逐渐成长为同龄伙伴中的好强之人,而我强烈的想让父亲认可我的决心,成为我一切行为的方向与动力。我几乎将童年所有的时光都倾注在成长与梦想之上,没有任何闲杂的事情与心思可以打断我的进步。

有什么是比赢得父亲的认可更重要的呢?当第一次出现这种想法的我,站在梦想刚刚成型的起步之初,还没有预料到接下来的自己将遇上怎样一场机遇。

1.3 上学，是向梦想踏出的第一步

我第一次对村外的世界产生向往，是在一个寻常的午后。

那天大家还是像平常一样，在我家吃完午饭就坐到门口闲聊，但这一次闲聊的话题不再是那些司空见惯的熟人与杂事——隔壁老高家的孩子这两天刚刚从外面回来，因为很久没有见面所以显得有一些陌生的小高自然就成为大家关心的重点。

他们对这位从城里回来的孩子兴趣非常大，他的穿着、样貌、谈吐，都不属于这个普普通通，甚至有一点落后的小村子。如果说父亲虽然身上也总透露出有别于村里其他人的气质，但却仍然能和周围十几个村子融为一体，那现在大家口中存在感非常强烈的小高，对于我们一直生长在农村的人来说，就像是"异类"了。

我那时还从来没见过城里人，更不知道那像海市蜃楼一样的城市

是什么迷人模样，甚至连周边不算太远的小镇都没有去过。听着大人们热烈的交谈，我心中那股好奇劲儿越来越令人难以忽视。大人们口中的老高我有印象，也常来我家一起吃饭，他的孩子正是因为考上了城里的大学才得到了前往城市生活的机会，在我们这里，这都是特别有出息的人，是连我那个挑剔又骄傲的父亲都会点着头赞许一两句的人。

我飞速地收拾好厨房与餐桌，一路小跑着往老高家赶去，无心再去倾听家门口大人们的闲聊。我感觉自己心中有很多很多问题想问，可是仔细思考的时候又好像脑海里一片空白——我根本不知道自己应该问些什么，那个即便已经生活了半辈子的大人们谈起时，眼中都会亮起不一样的光芒的地方，我连它模糊的影子都想象不出来。

当我气喘吁吁地出现在老高家门口的时候，那位从城里回来的年轻女孩正要和老高一起出门。老高见我来了，便赶紧冲她摆了摆手："这不，余家那小闺女肯定是来看你的，你让她带你去转转吧，我就歇下啦！"

似乎是女儿想在村里逛逛而老父亲并不太想出门的"桥段"，被点名的我着急地接过老高的话，冲这位有些面生的姐姐招呼道："姐姐要去村里转转吗？这里我熟！每户人我都认识！"

我的内向总是会在一些关键时刻隐身消失。

姐姐无奈地冲我笑了笑，示意让我等她，她把老高带回卧室之后，出来弯着腰问我："你就是余家的大女儿？"

我呆呆地望着面前这位漂亮的姐姐，真的，那是我第一次见到气质如此特别的漂亮——我们村女孩子也不少，对于漂亮的女孩我也总爱多看两眼多亲近一些，可是她们的漂亮和我此时此刻眼前的漂亮完全

第1章 身处逆流，也要扬帆而上

不一样。这位姐姐的漂亮，就像晴朗夏夜时，我一抬头就会见到的那轮明月，明明没有更多鲜艳色彩的点缀，但偏偏就是让人忍不住盯着放空自己的思绪，好像所有的杂念都会被暂时清空。但当你想要再靠近一些时，却只能失落地发现自己和它之间存在巨大的、难以跨越的距离。

直到她笑着捏了捏我的脸，我才回过神来刚刚自己吆喝过要带她去村里转转的，我匆匆忙忙地点头，拉着她就往小路上走。她好奇于我的勇敢：看着不过八九岁的孩子，为什么既不认生，也不和长辈生分，而我接下来脱口而出的问题更是让她意外极了。

"姐姐，你为什么这么漂亮？"

为什么她可以这么漂亮，她并不是在城里长大的孩子，只是去城里生活了一阵子，为什么身上就多出来一股当时的我很难准确形容的气质。这股陌生的气质有一种莫名的吸引力，这一点直到许多年后我也站在大城市的街头时才真正理解，那就是城里人特有的时尚感。而为什么我每天看到的，无论大人还是小孩，裤脚都是干了湿、湿了又干的泥巴，脸上永远像是盖了一层洗不干净的灰。

姐姐被我这句话逗笑了，可能误会了我只是一个嘴甜会说话的孩子，一开始并没有回答我，直到我们走了一段路后，我再一次认真地询问，她才意识到我对这个问题的认真与执着。

"可能是因为城里和这边不一样吧，所以在那边生活的人和在这里生活的人也有差别。"

"那城里的人都是这么干净吗？都像你一样这么漂亮？"

看到姐姐笑着点了点头，我是如此真切地感受到了"羡慕"与

"向往"。从那一刻起，我第一次对"城市"与"城里人"有了概念，我意识到，生在农村的自己如果想要跨越自己与"明月"的距离，只有好好学习这一条改变命运的途径。我看着眼前的漂亮姐姐，满心都想着自己也要成为城里人，要赚钱养家，要让父亲母亲和妹妹弟弟们都过上这样干净又漂亮的好日子。

那时的我还没有意识到，在10多年后，我不仅仅可以让自己的家人过上健康漂亮的日子，还能为不计其数的城里人带来健康又漂亮的生活，用美丽影响她们的人生。

在这一天之前，我对上学这件事还没有那么坚定的向往之心，因为从未见识过村外世界的我，并没有切实感受到上学能具体为我带来什么，能给人带来怎样的改变。当梦想还没有在我眼前出现具体的模样，还仅仅只是一句话时，迈向它的步子似乎也像是踩在云雾飘渺的棉花上。

一开始，我还以为对父亲的模仿与学习就足够我应对自己想要的生活，但这一刻，这位姐姐站在我面前的一刻，我忽然有了更沉甸甸的梦想。我意识到那些不成系统的学习还远远不够，我应该像她一样接受真正的教育，凭借漂亮的成绩走进大学，走进城市，只有这样才能走近那个此时此刻看似遥不可及的梦想。

回到家里，我向父亲提出了想要去上学的想法，父亲几乎不带任何考虑地拒绝了我。其实，习惯了被父亲拒绝、无视的我，在决定征求父亲意见时就已经做好了会被拒绝的准备，可我没有想到，在被父亲这么果断地拒绝第一份梦想时，做好心理预设的我还是感觉到了莫大的委屈与心痛。

但我不甘心,于是又找到母亲提出了自己的请求:"妈,爸他自己是村上的大队会计,是村干部,结果自己的女娃不上学,连字都不认识几个,难道就不丢脸吗?"

母亲当时对这种事情并不是那么理解,但是她想起自己小时候辛苦了十几年,她也希望自己的女儿可以不用受她曾受过的苦,便去向我父亲求情。父亲也没料到我想上学的心居然这么坚定,面对我的坚持和母亲的劝说,他终于皱着眉应下了让我上学的事。

对于这次计划之外的上学机遇,小小的我却信心满满。虽然由于年龄的关系,我没来得及上一年级便直接从二年期开始了自己的求学之路,但是它于我而言,的的确确是一次分量十足的"成功"——我有机会成功地踏出这第一步,就代表着我有机会一步一步接近那个此刻还十分遥远的梦想。

一半是源于能成功上学的喜悦,一半是由于我对自己未来生活的信心,在那段我还不到九岁的时光里,我几乎逢人就袒露自己的梦想。

和一起玩耍的小伙伴们说,和村里遇上的大人们说,我自信地向身边的所有人分享我的梦想。可是身边的人却没有办法感同身受我的喜悦,在他们眼中,这个平时明明寡言少语、不爱表达的佘家大女儿,好像忽然有些"神经兮兮"的,天天都在奢望那个不切实际的梦。

尤其是村里的长辈们,他们似乎把我的坚持当做一个小笑话,比以前更频繁地催促我多学些女孩子出嫁前应该学会的东西。这种"为了你好"的正义感让他们非常热衷于规劝我,好像拉我"回到正途"是他们的义务与责任,常常一见着我就笑着调侃我什么都不会:"你连鞋子都不会做,被套都不会缝,天天就在做梦!你这样以后可怎么嫁人呀！"

　　他们总拿这些活儿来笑我笨，却完全不知道——或许即便知道也故意忘记——我在同龄人可能还没有彻底分清楚柴米油盐酱醋茶是什么的时候，就已经会早早起床为家里人做早饭，遇上农忙时节，大人们来不及做午饭，每次也都是我一个人帮一大家子人张罗饭菜。

　　他们或许并不在意我会什么不会什么，而是习惯性地认为我不可能实现那个遥远的梦想，与其日日"做梦"，还不如实际点为自己往后的出嫁生活做好打算。可是他们从来没有想过，这样一句句的**打击**与**否认**，会对一个无比珍视自己梦想的小孩带来怎样的伤害。

　　如果是别人，或许这又是一个许多人会选择"认命"的人生路口，但我不是别人，我是佘桂荣。

　　"这些事情，以后全都是我家保姆的工作，到时候我有钱就不需要再自己做这些了。"

　　面对这群大人的不理解，"不成熟"的我却异常坚定地给出了这样的答案。对于他们而言，这或许又是一句能在茶余饭后当做笑话聊起的"不成熟"言论，而对于我来说，这是我对自己往后的人生郑重许下的承诺与挑战。

1.4 带母看病，不畏艰辛的12岁

成为班级里的一分子是一种全新的体验，大家规规矩矩地坐在自己的书桌前，一群同龄人一起听讲台上的老师向我们一点点传达那些新鲜的知识与思想，一起在课堂上分享自己从书本中领略的收获，一起你追我赶地解答老师留堂的问题……

这和自己"单枪匹马""孤军奋战"的感觉完全不一样，我开始感受到了对比与竞争，我能更清晰地发现自己的弱点与问题。

当学习这件事开始有人指导的时候，它对于我而言的趣味性一下子又有了非常大的提升。许多曾经我一知半解、似懂非懂的内容，一个人的时候只能就这么含糊着过去了，但是现在，在学校里，我可以快速地在老师的引导下扫除许多"障碍"，能轻松地理解更多的知识。所有的文字与道理都忽然一下变得清晰易懂，这种一个又一个接力一

样的成就感促使我更积极地获取知识，更投入地思考与学习。

我的这份积极，有时候甚至连老师都有些招架不住。

那时候的孩子，课余时间打打闹闹是常态，尤其大家几乎都是平时"野"惯了的人。女孩子作为学校里的少数人，加上本来就弱势的性格和力量，"自然而然"地成为常常被戏弄、欺负的对象。我的出现却打破了这种"常态"——学校里的男孩子经常输在我的拳脚下，在性格仿佛男孩子一般强硬又直接的我面前，他们总是很难讨到什么好处。

次数多了，男孩子们便不太敢再来找我的麻烦了，而女孩子们在我的保护下也收获了难得的安宁，我在学校里虽然不是最大的孩子，却还是成为小孩子"领袖"般的存在。记得到最后，学校里就连比我大五六岁的孩子也很服我，因为我在这个群体中不仅仅有勇气、成绩好，我也有他们并不具备的领导力，经常会帮老师组织大家做一些学校里的事情。

条理清晰、沉稳果断、坚定不移……这些都得益于我人生前10年的经历，是父亲无意间教会我的最宝贵的东西——虽然他从不屑于教我这些，可对许多优秀的东西如饥似渴的我，从未浪费过任何一个学习的机会。而我不满足于这样的自己，还在尽可能地让自己得到更多锻炼新能力的机会。

在当时，我对学习的积极之心导致我非常痴迷于解题一类的挑战，可我的成绩一直名列前茅，一起学习的同龄人已经比较难跟上我的思路，所以我将目标锁定在了老师们身上。但学校里的老师总是和学生之间隔着一堵墙，除了必要的交流，他们很难和我们多说一句话。

本就内向的我虽然从父亲与乡邻们身上学习到了不少，可一直缺失正常的亲子教育与交流，在向大人表达自己渴望的事情上，又显得有点"笨手笨脚"起来。老师们课堂之余虽然话少冷淡，但又不像父亲那样对我有着很固执的偏见；可说起友善，他们又远不像母亲那样温婉贴心……

我一时间不知道自己应该怎么踏出这第一步。

于是我开始故意犯一些小错，故意违反一些无伤大雅的纪律，和男生们打架也成为这些"鲁莽事"的一部分。当老师因此而不得不关注我、教训我时，我就立刻拿出准备好的难题请求老师接受我的挑战。

老师们都不可避免地会喜欢爱学习的聪明孩子，所以也从来不抗拒我这样的挑战请求，每当看到老师们认真动脑解题时，我就总想着自己要比老师更快解出来，这种额外争取到的"切磋"，不仅对我的学习有非常大的帮助，也慢慢加深了我与老师们的情谊。

这种有些闹腾也饱含情谊的校园生活，在12岁那年迎来了致命一击。

记得那一天，母亲精神又陷入了恍惚，总是控制不住自己的牙齿，总想咬着点什么。其实那一阵她一直都不太舒服，平时温柔如水的她变得有些敏感，经常会因为灯光变化或声音动静感到烦躁，有时候还会突然毫无征兆地呼吸加速，整个人就像一只受惊的小动物。

当时我们村里并没有医生，邻村也没有，都是粗糙惯了的人，许多大家心知肚明的大毛病就这么受着，而一些小病小痛大家也只能用土方子自己解决。可母亲这次生病不一样，我们问遍了周围人，大家也都不明白这是出了什么问题，我们也尝试了不少记忆中可能有用的土方子，但始终都没有见效。

母亲"疯"的症状越来越明显，很多时候连自己的小事都处理不好，更别说操持家务与农活，学习给我带来的快乐，此时此刻远远抵不过母亲病情留给我的沉痛。那个时期，每天夜里躺在床上时我都会偷偷躲在被子里哭：为什么村里连个医生都没有呢？为什么我学习这么努力可还是有这么多不明白、不清楚的事情呢？我一直在做一个懂事又聪明的孩子，家人没空做饭，我可以做，家人没空下地，我可以下……我在小小的年纪几乎学全了一个人正常生活的技能，可当疾病的苦难降临时，我却仍然束手无策。

我忽然意识到，比起住上大房子、过上好日子，拥有一个健康的身体才是一切的立足之本，没有了健康，所有的梦想几乎都是空谈。

"我要成为一名医生。"

这个念头闪着光落在了我的心底里，就像一支蜡烛，再一次照亮了我前进的路——我的梦想第一次有了非常具象的模样。

看着精神有些不太正常的母亲，满心疑虑与担忧的我们决定带母亲去找靠谱的医生看病，但家里除了忙于工作的父亲和将近80岁的爷爷，就只剩下我们几个半大不小的孩子了。不能耽误父亲的工作，不能麻烦高龄的爷爷，更不能辛苦更小的弟妹，带母亲看病的重任就这样落在了我的肩上。

一个不过才12岁的孩子，独自骑自行车带着140多斤病情不定的母亲去20公里以外的地方求医，换做谁来看都会觉得心疼。可是，那时候我们都没有别的办法，作为大女儿，我是处理这件事的唯一希望。

那位被大家叫作胡大仙的老中医是周围好些村子信任了许多年的医生，说是中医，其实是个中西医学都懂一些的老医生。当我把母亲

第1章　身处逆流，也要扬帆而上

送到他面前时，这位见惯了求医者的医生惊讶地瞪大了双眼："是你自己带你妈过来的吗？没有其他人了？"

见我点头，他没有再多说什么，但我从他的眼神中读出了心疼与佩服，这个眼神我太熟悉了，当我们家作出由我带母亲去看病的决定时，我就在村中见到了许多这样的目光——这是和当初听说我要去城里生活时截然不同的目光。

"或许他们也会因此意识到，当初觉得我'不可能做到'的那件事，对于我来说也并非不可能？"当我费力地蹬着自行车在窄路上前行时，我总是会忽然产生这样的想法——"毕竟我骑自行车带妈妈去20公里以外的地方看医生，听起来也是那么不可思议的事情。"

一想到这一点，我身上的疲惫就会消退不少。我一直都是一个乐观的人，这也是为什么即便父亲不支持、乡邻不理解，我也始终能坚持自己的想法并为它倾尽所有的力量。因为我不喜欢受到其他人的负面影响，我喜欢认定一件事就全力实现一件事的感觉，我从来不觉得在我身上会有注定失败的事情——在我付出所有努力之前，它就是一件值得我全力挑战的事情。

我并不喜欢在预判自己会失败之后直接放弃一件事，那是乡邻们最初希望我学会的样子。

医生看过母亲的病症后，又盘问了我许多过去一个多月生活的细节，最后告诉我母亲得了狂犬病。当时母亲不小心被家里的狗咬了，而那只狗前不久被另一只猫咬过，在那不久之后，猫和狗都发了病，而我的母亲就是这场意外悲剧的最后一站。那时候我们哪里懂得被狗弄伤了应该及时打狂犬疫苗呢？确切地说，我们连狂犬疫苗是什么都不太清楚。

在与医生交流的过程中，好好学习更多知识并成为一名医生的想法在我心中越来越坚定。

接下来的日子里，带母亲去医生那里治病成为我的生活常态。我跑熟了从自己家到医生家的那条路，一成不变的路线就像是我面对自己梦想时坚定不移的心，每一次用力踩下自行车踏板，都像是在我通向梦想的路上印下脚印。

母亲的治疗是一个持续性的过程，我们没办法一直待在医生那里，也没办法离开医生自己治疗，20公里的距离，一个来回就是40公里路，在不是盛夏的日子里，我甚至累得高烧40度。

"这个年龄就不是干这个事情的时候！"看着烧得迷糊的我，老中医也只能摇着头叹气。

而母亲的倒下意味着家里的事情没有人做了，田里的农活也突然被搁置，我不得不尽可能地抽出时间做这些原本由母亲负责的事情。原本为带母亲看病向学校申请的假期，在这样繁重的农活面前忽然就变成了"杯水车薪"，为兼顾家里的事情频繁请假，似乎让我学生的身份成为一个笑话。

在这样艰难的时刻，上学对我来说，再一次变成一件不切实际的事情。

1.5 为母改"命",离开家乡

母亲的病并不好治,也不是一件可以"一劳永逸"的事情。由于没有及时打狂犬疫苗,加上彼时村镇的医疗条件总体欠佳,母亲的"疯症"虽然在坚持不懈的治疗下有所好转,却也因此落下了病根。

为母亲治病,又成为一件更加漫长无期的事情。

这一番折腾之后,母亲没办法再像以前一样独自扛起家务与农活方面所有大大小小的事情,家里除了工作繁忙的父亲,就只剩下年近80的爷爷与弱小的妹妹弟弟们,身为老大的我自然而然地继续替母亲分担着一些家庭生计上的担子。

我的时间掰开了、揉碎了,也仍然很难同时顾好自己的学业、家里的农活与母亲的病,父亲和其他亲人于是开始轮番上阵劝我放弃学业。我咬着牙听他们劝我的那些话,却始终不甘心就这样放弃自己好不容易争取来的机会。那时，在我眼里，好好念书考进城里的学校是我改变命运的唯一方式，它就像在黑暗中唯一亮着的那盏灯，我只有牢牢地盯着它、跑向它，才能找到逃离这片混沌的路。

如果我主动遮住那盏灯，那我下一次找到方向将会是什么时候？

如果我主动放弃那盏灯，那盏灯是否也会彻底放弃我？

可在家里这么艰难的时候，坚持"不想放弃"，在大人们眼中却又好似一个最不应该有的自私选择。即便我一直以来都在尽力分担家里的压力，即便我一直以来都很自觉地压缩属于自己的时间，可他们——尤其是我的父亲——似乎并不想重视我一直都想要保住的东西。在他们看来，送女孩儿去上学，远不如在家里多学学家务，多做做农活，这样一件浪费时间、浪费精力、浪费金钱的事情，允许我坚持到现在，已经是莫大的恩赐。

他们不知道，我这么努力地想要守住学习的机会是为了什么，也从来没有想过要来问问我，没有考虑过试图尊重我的选择。

我也曾诚实地表达过自己梦想的一部分，告诉他们我未来要去城里生活，可他们除了笑我不自量力、痴心妄想，连一句哪怕安慰小孩的"加油"都不愿意说出口。

那些为了家人的愿望，譬如想做医生为母亲治病，譬如想多赚钱让全家人过上好日子……我更不愿意再提。那些都是我内心最纯粹的前进动力，不理解我梦想的人，没有资格再在我的梦想上指手画脚。

我答应了大人们留在家里要求，但也没有放弃自己在学校的身份。在这样艰难的时刻，曾经与老师们在你来我往的各种挑战题里培养出来的感情，为我带来了一线生机。

我瞒着家里人偷偷来了趟学校，跟老师们述说了家里的困境，此时此刻的他们，几乎是唯一能理解并认可我的选择的人。

"我以后可能不能继续来学校上学了。"说出这句话的时候，我心中忽然泛起一阵委屈，这是我好不容易争取来的机会，可现在却被最亲的家人逼迫着放弃它。"可我并不想真的离开学校，我在家里也可以继续学习的！我只需要……我只需要保留一个机会，但不知道应该怎么做。"

其实我带母亲出去治疗狂犬病那阵，大家就都知道了我家的事情，那时老师们本来以为我可能没多久就会放弃，却没想到我一直坚持了这么久。他们听完我的心里话之后也很感动，迅速讨论出了两全的方法：虽然我没法去学校上课，但可以保留我的考试名额，我只需要在期末的时候回去考试，就仍然能算我完成学业。

但能不能如愿继续读书，就要看我的考试成绩能否过关了，这一点上只能凭我自己努力。

学习对于我而言，又有什么可怕的呢！

老师们对我的支持，其实也不仅仅体现在学习方面。

当时没多久就进入了农忙期，其他的家庭几乎都是大人孩子齐下地，这样才能保证农活的进度。但我家既没有能使上力的儿子——弟弟又小又受父亲宠爱，我与几个妹妹也对这个幼弟十分怜爱——又没有能全力投入农活的大人，其余的亲人虽然偶尔能帮点忙，可毕竟都还有自己的家庭要照顾。

我第一次对眼前的生活感到无路可循的无措。没想到，这一次向我伸出援手的还是那群老师。校长知道我家的情况后，眼瞅着到了农忙期，明白我家肯定会忙不过来，他便组织几乎全校的老师来我家帮忙。

我站在田埂上，看到那些曾经一直在讲台上一丝不苟的老师们，一个个挽起袖子弯下腰在田中忙活，第一次明白感动的泪水其实是甜的。

老师们的理解与支持就像给我打了一剂强心剂，感激之余，我将一天中所有剩余的时间都放在了学习上。虽然我入学晚，一开始的基础差，但在之前的学习中我已经能一直保持名列前茅的成绩了。我一直认为，这也许也是我的天赋之一，老天知道我实现梦想的心有多么坚定，所以就给了我一件在这条路上披荆斩棘的武器。

老天给了我武器，却也狠心为我投下了更多的磨难。皇天不负有心人，我如愿考上了很好的学校，但这份得来不易的"通行证"却并没有给这个家庭带来更多的快乐。父亲对我的"执迷不悟"异常愤怒，他直到看到我拿着录取通知书在他面前再一次申请继续读书时，才知道当初我乖乖留在家里帮忙并不是因为真的放弃了读书，反而瞒着他继续参加了升学考试。

这么多年的坚持也给了我更大的底气，我第一次坚定地望着父亲，咬死这唯一的上学机会。之前每次他不允许我做什么，即便我不接受、不服气，也不会和他特别较劲，都是转头找母亲从中调和，可这一次，我不想再在父亲面前回避我的渴望——我的梦想没错，我的渴望没错，我想做的事情也都是为了整个家庭好，我为什么还要在父亲面前逃开呢？

更大的原因或许也是因为，在看到录取通知书的那一刻，我忽然如此强烈地意识到，我离父亲的距离没有那么远了，现在的我，也许真的有底气可以再次站在他面前，直视着他，向他争取自己的权利。

第1章 身处逆流，也要扬帆而上

可父亲给我的答复，却是亲手撕碎了我的录取通知书。

他不在乎我的梦想。

他不在乎我的坚持。

他不在乎我这么多年来日日夜夜的顺从与付出。

我想起那群笑着帮我度过农忙时节的老师们，我与他们萍水相逢、无亲无故，可好像连他们都比血浓于水的父亲更懂我，更心疼我。

总有知道我这段经历的人问我："你恨你父亲吗？"我每次都十分肯定地回答："不恨。"

不恨，是因为习惯了。

从我出生起，一直到我能站在父亲面前鼓足了勇气和他对峙，他都从来没有认可过我，我知道自己的能力，我得不到认可并不是因为我弱小、没用，我得不到认可仅仅是因为我是一个女孩子，而我却时时刻刻想要做一个男孩子才有资格争取的事情。

拒绝与无视，是长久以来一直横在父亲与我之间的态度，看着他撕碎我的录取通知书时，我竟然更多的是一种"果然是这样"的宿命感。

我该认命吗？曾在五六岁时就信誓旦旦不认命的我，在经历了这十几年的坎坷之后，是不是就该认命了呢？

接下来将近一年的时间里，我和父亲的关系冷到了极点，争吵成了家常便饭。在他撕掉了我的录取通知书之后，他认为我"离经叛道"的一切都应该就此终结了，便常常想着要给我找个婆家，把我嫁出去，让我彻彻底底地收心，做一个传统的农村女孩子，过一段与其他人毫无区别的平淡日子。

但我始终不从——我已经丢失了一个最大的机会，我不能再把自己也丢了。

　　事情的转机出现在一次无意的闲聊中，村里同姓的另一家人，家里的儿子带回来一个去南京的电子开关厂打工的消息，这个消息就像是带着火光的风，一下子点燃了我心中暗了很久的灯——去城里，这是我当时脑海中唯一的想法。

　　可是父亲一定不会放我走，之前能瞒着他继续考试是因为我人还待在家里，但如果出去打工，家里始终见不到我人的时候，一切又该怎么交代呢？母亲虽然在很多事情上总是愿意支持我，可毕竟家里做主大事的还是父亲，我这么大的决定又怎么好说服母亲呢？

　　思来想去，我只好做出一个违心的决定。

　　母亲迷信，尤其是在遭遇这场病痛之后，对这方面更是宁可信其有不可信其无，如果我想要的那种命运，是由算命先生说出口的呢？会不会就能成为一个值得被考虑被保护的选项呢？

　　打定主意的第二天，买菜的路上我就在细细盘算一会儿开口要跟母亲说的话，我要让母亲意识到，我必须离开这个村子，也要让她放心，我的离开一定会收获一个更好的结果……认认真真地打好腹稿之后，我拎着菜回到家里的第一件事，就是拉着母亲告诉她，我刚刚在路上遇到了一个算命先生。

　　"他说我应该在两三百公里以外的地方生活，要离开家，这样跟你的感情才会更好，还会特别的孝顺，未来还能特别有钱，以后你还能过上好日子，弟弟妹妹也能过上好日子，我们一家都会成为城里人……"

　　那时因为录取通知书被父亲撕掉的事情，我的脾气比起以前也急躁了不少，和母亲也常常斗嘴。母亲是个心软嘴也软的人，每天看着家里焦灼的氛围，她心里一直也是着急的。听我这么一说，母亲一下子就开心起来，我告诉她父亲可能不会答应，母亲摇摇头让我放心："那就先不告诉他。"

在她心里，只要大家能开开心心的，就是好日子。

善良的母亲就这样悄悄帮我张罗起来，瞒着父亲向周围的人借了50块钱，又为我打包了一床被子，想了想又去借了20斤米，就这样左一个包裹、右一个包裹地送我上了路。

看着母亲满心欢喜却又透露着许多不舍的忙进忙出，我的心里忽然泛起一阵愧疚——这是我第一次用我的小聪明欺骗母亲。但我也暗暗在心里保证，这一定是最后一次，而且它也并不全是谎言，我会特别孝顺，我也会让一家人都过上好日子。

一定。

第2章
梦想无限，人生就不应设限

那时大家起早贪黑地从早八点忙到晚八点，中途除了吃饭的时候几乎都在工厂里干活，一些突发的天气状况到来时，我们还要马上放下手中的工作去拯救正在空地上晾晒的砖块。如果这些突发状况发生在白天的时候还好，最折磨人的是有时夜里遇上了突如其来的大雨，无论多晚，我们都得马上从集体宿舍的床上爬起来，还来不及穿好自己的衣服，就要赶紧抱着防水布去保护还没晾晒好的砖。

"人要能够成为心中想要成为的样子，想要未来能够成为城里人，肯定是要先受苦的。"我摇摇头拒绝了女孩喊我一起回家的邀请，"要在城里立足，就要经历先苦后甜的过程，我不觉得现在的辛苦是没有意义的，这是老天在磨炼我，在度我成长。"

2.1 初出茅庐，单枪匹马闯社会

在我真正收拾好母亲为我东拼西凑的东西上路时，我其实并没有其他同龄人常有的不舍，抑或是对前路的忐忑。

我们一起同行的，除我以外还有10个人，他们或多或少都对离家远走这件事流露出些许不舍，大概是父母对他们的牵挂太重，也或许是受扰于从安稳生活走向未知前程的不确定感。而早早就确定下了这一方向的我，在这样的机会面前，除了对心中向往之处的坚定，别无他念。

离家进城，这是我向往了十余年的一条路，虽然眼下踏上这条路的方式，与我曾经做出的规划天差地别，但只要还在同样的方向上，我就一定有办法将暂时偏航的行迹拉上正轨。这当然不是我第一次离村，在为母亲的病情奔波的那段时日里，我也曾卖力地骑着单车去过泗洪县城。那曾是我离家最远的时候，即便仍然和真正的城市相隔很远，可县城里的样貌也已经比村中的境况好了许多。

所以城市究竟看起来会有多不一样呢？那些熙熙攘攘的人群与车流，那些色彩缤纷的灯火，那些高低交错的楼宇……有太多听来、读来的城市模样，而我的眼睛却只见过稻田中、小道上那些灰扑扑又汗津津的背影，只见过压着厚重的货物吱呀作响、被干裂的泥点印得斑驳的车，只见过一排排低矮屋檐下或橙黄或银白的稀疏灯光。

那些灯光不会彻夜照着门前的路，常常入夜没多久便陆续灭了，偶尔亮着的两三盏，在漫无边际的黑夜里也更显得孤寂——因为第二天要早起的大家总是早早就睡了，也因为每天为生计满头愁绪的我们更惯于在这些生活细节上精打细算，那时的村里人又怎么会在纯粹的享受上花费太多的精力与金钱。

离开家乡前，我曾在那些从城市回来的人手中见识过记录着城市细节的照片，也曾在家里黑白屏的小电视上匆匆目睹过城市的样子。那是我们村的第一台电视机，父亲用珍贵的票将它换回村里时，脸上洋溢着我极少见到的自豪与欢喜。

父亲或许是一个虚荣的人，当这份无伤大雅的虚荣心和他严守的重男轻女之心交织在一起时，对我曾造成过的影响与伤害有多重，或许连他自己都没有真正意识到。

比如他至今都不明白，当刚刚在母亲面前拒绝了为我添置衣服的他，轻拍着来之不易的电视机耐心地回答乡邻们七嘴八舌的问题时，我就曾深深地感到，自己在父亲眼中是这个家庭里最多余的人——他更愿意尽可能地省下需要在我身上花的钱，去换回一件冰冷的电器。

第2章 梦想无限，人生就不应设限

父亲在知道我偷偷离开家里自己出去打工之后，自然是没有什么好脾气，无奈我人已经不在村里，一切早已无法按照他的想法进行。除了和母亲多唠叨两句以外，父亲也没有别的办法再对我的人生做出新的指示，而对于这个违背了"父令"的大女儿，他更没有兴趣去关注我离家后生活的好坏。

不过这些事情早已在许多年的反复中令我习以为常，我学会了在这样不被重视、不被偏爱的环境里自我生长，自我争取，有时候单枪匹马的感觉，甚至反而更能激发我争强好胜的欲望。

跟着大家坐在前往打工目的地的大巴车上时，我正翻来覆去地回忆着这些在脑海中思索过许多遍的问题，关于想象中的城市，关于记忆中的情绪，即便此刻的我在整理这些思绪时仍然怎么也想不出答案来，我也愿意念着这些事情来打发时间。大巴在比村中的泥巴路平整许多的小路上一刻不停地奔跑着，就像我现在难以平静的心，我需要让自己的思绪专注在一个问题里，才能让自己的表情与状态尽量平静。

这是我第一次坐大巴车，没有会硌得骑车人腿根疼的颠簸，也没有直挺挺照下来晃得人睁不开眼的阳光，我所感受到的都是全新的体验，除了一如既往的孤独。而那些伴随了我将近20年的艰苦，正被一方有些朦胧的车窗隔绝在外。

这辆大巴正送我前往希望。

终于到达目的地时，大家一边兴致勃勃地东张西望，一边又掩不住地有一些遗憾与失望。从知道要去南京的电子开关厂打工这一消息开始，大家就迫不及待地对打工生活做出过各种各样的设想，就连我也不例外。既然要去城里工作，那我们一定会拥有干净的办公室，室内有冬可暖身、夏可解暑的空调，每天能在公司食堂吃到丰富又可口的饭菜……

总之不管怎么样，也肯定要比在家里的日子好。

然而实际上，我们要去的打工之处并不是电子开关厂，是更辛苦、更需要卖力的砖窑厂；我们也没有进入大家此前在车上叽叽喳喳讨论过的南京城，从苏北到南京城需要经过南京长江大桥，车子在上桥前便将我们放了下来——这里是泰山新村离南京城最近的边界处，我们还在城外。

我们一起从车上下来时，带我们过来的那个同乡也沉默着尴尬了一会儿，但随即又热情起来招呼着我们跟上，大家此刻也都有些心知肚明——不说得诱人些，又怎么能吸引更多的人呢？大家零零散散地抱怨着，只有我只字未发。

因为那条通往南京城的路的的确确就在我眼前了，只是现实告诉我，要真正踏上这条路还需要时间。

2.2 披荆斩棘，迎难而上不畏苦

实际到了厂里之后，我们才知道情况比下车时大家预料的还要糟糕很多。这个砖窑厂生产的砖比我们在村中常用的砖要大许多，一块砖有村里的四块砖那么大，虽然是空心结构，但也沉了不少。我们的任务就是辅助生产机器按照节奏将承载砖的板子轮着换上去压砖型，再将压好的砖抬下来，这所有的过程都需要两个人搭配行动，而机器的节奏又是固定的，所以整个活儿既枯燥又高压，体力稍微差一点就会跟不上节奏影响进度。

那时大家起早贪黑地从早八点忙到晚八点，中途除了吃饭的时候几乎都在工厂里干活，一些突发的天气状况到来时，我们还要立马放下手中的工作去拯救正在空地上晾晒的砖块。如果这些突发状况发生在白天的时候还好，最折磨人的是有时夜里遇上了突如其来的大雨，无论多晚，我们都得马上从集体宿舍的床上爬起来，还来不及穿好自己的衣服，就要赶紧抱着防水布去保护还没晾晒好的砖。

而往往被这么一通折腾之后，这一晚上就很难再休息好了。

睡眠时间对于当时的我们来说几乎是一件奢侈品，虽然大多数无风无浪的一天的确是在八点结束工厂里的工作，但真正的休息却还远远不能到来。那时候去打工的我们都没有什么钱，食堂里每天备好了热气腾腾的饭菜，舍得花钱去买回来吃的人却寥寥无几，而如果要拜托食堂帮忙用我们自己带的米做饭，则还需要交一份手工费。

可我们几乎无休地忙活一个月，最终也不过是拿到20块的工钱。

自童年时期起便有的独立个性，在这种时刻就发挥出了极好的"救急"能力。我在宿舍楼就近的墙角边用砖块搭了一个简易的三角灶架，又拿来了一口锅，下面生上火之后，大锅便能够直接拿来蒸米饭。那时我不光从家里带了米，还带来不少萝卜干，一些同乡也多多少少从家里带了些米和酱菜。我们这群吃不起食堂的人，便每天下班后凑在这个墙角自己解决晚饭，大家吃完饭后这个简易的三角灶又成了为我们准备洗澡水的"功臣"，用工厂的开水自然又是要收费的，但用这口锅烧洗澡水便又要面临排队的窘境。

这么一顿自给自足的操作下来，大家真正上床睡觉的时间至少也要从下班起往后推两三个小时，在这种作息情况下若遇上夜袭的大风雨，自然是苦不堪言。

由于白天的体力活太辛苦，晚上下班的时间又很晚，大家的饭量都比平时大了不少。我们来到这里打工的都是刚刚二十出头的年纪，在家里时虽然也没有过得多清闲，但终归是不如在工厂搬砖时每天都要消耗那么多体力。第一次离家的我们一开始并没有太多生活物资方面的规划意识，直到袋中的米消耗过半，而我们放假探亲的日子却还遥遥无期时，我才忽然意识到，即便是选择消耗自己的东西，我也不应该漫无计划地如此"挥霍"。

于是，每日的大米饭被我替换成了白粥，还不能熬得太稠，寻常的一顿米饭就这样被我煮成好几顿的白粥。

这件事让我第一次在自己的追梦之路上感受到了危机意识。

米饭有不够、甚至吃空的时候，那时间呢？

米不够了我可以转而煮粥放缓它的消耗速度，那时间呢？

当我手里的时间在这个工厂里慢慢流逝，能助我踏上那条进城之路的机遇又在何处呢？

在村里时，我没有仔细思考过时间之于梦想的问题，只想着"长大了""到时候"，只要我按部就班地按照学校的升级节奏来，实现梦想自然是水到渠成的事情——只可惜天不如人愿；离家后，第一次真正意义上地单枪匹马于社会中谋生，虽然我在有些方面已经比同龄人表现得缜密许多，可明显对于我想实现的梦想来说，还远远不够。

还远远不够，但我一时之间也不知道该如何寻找破局的出口。

我因为离家时不过80斤左右的瘦小体格和打工群体中少见的书卷气，在进砖窑厂没多久的时候，就被工厂书记留意到了。得知我曾读过书且成绩优异之后，书记更是对我心生怜悯，不忍心再让我埋头做搬砖的体力活，特意给我安排了一个较为轻省的工作——为工厂的叔叔阿姨们擦汗、递水。

这是我人生中第一次因为上过学而受到优待,"是否还能继续求学"的念头就这样忽然在我的脑海中闪烁起来。我朦朦胧胧地觉得只要自己能牢牢地抓住这个想法,它或许便会是我此刻命运线上的一个转机。可当我试探性地向身边人询问这一可能性时,得到的大多是茫然的回应——大家确实都是为了过上更好的日子才选择离家打工,但对于如何争取到更好的日子,他们并没有更多的了解与规划,更是从来没有考虑过读书这件事。

当我还在认真思考接下来该怎么办时,同行的那些人已经陆续开始离开这个条件艰苦到远不如村里,却又只能拿到可怜薪资的砖窑厂。大家虽然在一起上工的时间不算太长,但在一个远离家乡的陌生地方,同乡人往往就像亲人一样让人心生亲近、牵挂之意。于是其中一位男生在离开的时候,见我连件像样的衣服和换洗的鞋子都没有,便为我留下了一件牛仔服和一双布鞋,而最后走的那位女孩见我还没有走的打算,也耐着性子劝我一起离开。

"回去吧,这里这么苦,我们换个地方,或者回家,回家吧?"

不绝于耳的机器轰鸣声震得人心情烦闷,机械化的重复性流程也很容易让人心生倦怠,我明白,他们的热情在这里慢慢被磨蚀干净是一件非常容易的事情,许多人见识到了这里的艰苦,便想念起家里的片刻自由来,回去种种地做做小生意,再怎么着也比留在这里轻松、自由许多。又或者还可以自己踏过那座南京长江大桥,去城市边缘碰碰运气,也许能偶遇到什么更好的机会。

可我知道,我的梦想是在城里立足,桥的那边是我的起点,而不是我努力的终点,我现在连自己的起点的方向都还没有找准,又从何

第 2 章 梦想无限，人生就不应设限

而谈放弃呢？

"人要能够成为心中想要成为的样子，想要未来能够成为城里人，肯定是要先受苦的。"我摇摇头拒绝了女孩喊我一起回家的邀请，"要在城里立足，就要经历先苦后甜的过程，我不觉得现在的辛苦是没有意义的，这是老天在磨炼我，在度我成长。"

女孩轻轻皱着眉，似懂非懂地听我说完了这段话，我见她不是很理解我的心情，笑着拍了拍她的肩膀，说："没关系，你走吧，我知道我在做什么。"

当这里不再有那些一起从家乡出来的伙伴时，吃饭、洗澡开始独来独往的我，思绪逐渐又清晰了很多。虽然我没有像他们一样离开，但此前打听继续上学的可能性时，大家的状态和反应也让我清晰地明白，继续留在这里，并不能让我遇到我想要抓住的机遇。

的确，在大家眼里，读书是花钱、花时间却又看不到收入的事情，这对于想要赶紧挣钱的大家来说，简直是太奢侈了，无牵无挂的孩童时期都没有完成这件事，到了能挣钱的年纪时，谁又想为此耽误挣钱的时间呢？

只有我明白，我要的不仅仅是马上挣钱，我要的是能真正立足在城里，我要以自己人生的主人的身份开启城市里的生活，而不是在城市的角落里，将自己的人生没日没夜地耗在只有机器轰鸣声的工厂里，换下工装便只来得及将自己丢上宿舍的硬板床，连一眼车水马龙的街市与华灯初上的夜景都难能一见。

这样的我，又如何能像自己承诺过的那样，让家人也过上更好的日子呢？

我知道我必须经历一段眼前这样的生活,但它决不可以是我未来的唯一可能,此时的我能想到的唯一破局之法就是继续读书,既然这里给不了我更多的帮助,那就让我自己主动选择一次。

2.3　自主成长，择善而从寻新路

我始终是个有言必行的人，当我在心里明确自己需要换份工作的时候，便马上着手给家乡写信。我依稀记得，村里应该还有一个同姓的本家有亲戚在南京的部队里，虽然不知道能不能帮上我，但人在南京总归是比我的消息多很多。

写信的时候我忽然庆幸，还好当初大家时常来我家吃饭的时候，我总是会在旁边认认真真地听大家聊天。有许多事情，你做的时候往往并不会感知到它对你有多大的帮助，甚至在旁人眼中仅仅只是无用的消遣，可你指不定在未来的哪一天，就要依靠当初的"多此一举"助你摆脱困境。

此时此刻不就是这样吗？我在一次次众人的闲聊中记住了大家与人分享的家庭状况，在我需要别人助我脱困的时候，可以帮助我的人

我想成为你

的名字就这样安安静静地躺在我的回忆里。

很快，我因此得到了第二份工作——饭店服务员。那家饭店位于现今的南京市江宁区，旁边是一所学校，离部队也不远，平时店里最常见到的就是穿着军装的人。

这是我第一次进城，更是我第一次见到这么多的城里人，眼前是一个与我之前一直以来的生活环境天差地别的地方。

实际上，我原本一直是内向的性子，只是一直以来都有许多我不得不做的事情——我不做，就无法争取自己想要的那些机会。那种对机会的渴望就像鞭策我的教官，一直督促着我不断获取和提升新的技能。所以我只能放下自己的个性，尽力去做好每一件需要我去做，或者我可以做到的事情；所以我才能一次又一次地开口表达，向母亲，向老师们，向村里的乡邻，不断地重复我的渴望。

但在这里，我人生中第一次体会到了自卑这种情绪。

来这里吃饭的不光有部队的军官，还有一些侃侃而谈的老板，那时我的工作是负责点菜的服务员，可以近距离观察到所有顾客的谈吐与气质。他们的说话方式，他们的交际风格，他们的一言一行都明显和我曾经接触到的所有人不一样，那时我学习到一个词——体面，这是他们身上特有的，而来自农村的我连想都未曾想到过的气质。

自卑的情绪就像一个开关，触动我的那一刻便打开了我心底里内向少言的个性。

在这里，我内向的性格彻底暴露，面对这样的环境，面对这样一群人，我好像并没有什么资本感受曾经一直信手拈来的自信。我的家境，我的学识，我的眼界，在这样一个小小的城里人缩影前只剩下了

第2章 梦想无限，人生就不应设限

灰色的影子。

我看着他们举手投足间的状态，听着他们明显文化程度在我尚未来得及企及的高度的对谈，羡慕在我的胸腔中生根发芽，"我要自学"的念头就像荒田里一惹上风雨便顺势疯长的野草一般，铺天盖地而来。

我一边打听着自学的方式，一边跟着饭店的老板娘学习她左右逢源的口才。曾经在村里，除了面对父亲时，我每每与大人们沟通、交涉都能取得一个理想的结果，所以我还未曾质疑过自己的表达力。直到来到这里，我才发现自己的那点沟通技巧在眼前这样的人群中完全不够用。

饭店毕竟是服务行业，面对一个陌生人时对左右逢源的沟通应变能力有非常高的要求，怎么说话能让第一次见面的人开心，怎么表达能成功安抚有情绪的客人……这些都是我没见过，也想不到的。古人说"读万卷书，行万里路"，我曾经一直心心念念读书有多重要，却好像一时忽视了行万里路的重要性。

眼前这个并不大，却又因为形形色色的客人而显得异彩纷呈的交际场，成为我"行万里路"真正意义上的第一步。在这里工作，我一个月可以拿到150元钱，比起之前在砖窑厂的拮据与疲累，我终于可以小小地松一口气。而这样的工作之便，加上时间与金钱上意料之外的些许宽裕，也让我终于可以分出精力好好地观察城里人的仪态，为自己学识以外的处事能力查缺补漏。

那时的我还未曾想到，自己在这里跟着老板娘学习到的服务意识与沟通技巧，会为我后面的选择带来莫大的帮助。

渐渐地，我意识到光练口才并不足以让我融入这个群体。为了能让自己更自信些，也为了让自己更好地适应城里的工作，我开始学着给自己买一些简单易上手的化妆品，学着尝试身边女孩子都喜欢的护肤，试着给自己添置一些便宜又时尚的衣服。

所有这些我曾经没有机会学、没有机会尝试的东西，都在慢慢地一点点渗入我的生活，踏足我的人生。每天出门前，我都会在一面小小的镜子里看到自己的变化，我不再是几年前那个全身灰扑扑的瘦小模样，我的身上逐渐有了不一样的色彩。我想起了曾经在村里见到的那位漂亮姐姐，她一定也是这样在镜子里慢慢感受到自己的变化的吧。

看着曾经黯淡无光的自己慢慢变得鲜艳、生动，很难不让人更加强烈地渴望提升自己，关于继续上学的事情也逐渐有了眉目，有晚间课程的成人大学正好适合现在的我。

我开始意识到，我的人生，或许真的快要不一样了。

但就像是老天故意要捉弄我一般，每当我想要抓住学习的机会，就会有一双手挡在我的面前。

由于之前写信求助过，再加上当初一起在砖窑厂打工的同乡人陆陆续续回去不少，认识我的人几乎都知道我离家出门后的日子过得很苦。大家见一些身强力壮、明显能吃苦的男生都没有坚持下去，不由得都有些关心起我的生活来。

二十出头的小姑娘，即便是在大人身边都多少应该找个婆家了，更何况只身在外、无依无靠的我呢？

于是，稍微熟悉一些的人都开始给我介绍起适龄的对象，大家来来回回的介绍，都离不开各自曾经的圈子，那个是当初村里的谁谁谁，这个又是谁谁谁的表亲……兜兜转转地，好像我又回到了当初离家前的麻烦里。

父亲冷着脸对我说的话又回响在我耳边。

"好好找个人嫁了,你这辈子也该定下来了!"

还未能见识到村外的一方天地时,我尚且都不愿意按照那些定得死死的规矩草草交付自己的一辈子,如今我刚刚踏出"行万里路"的第一步,刚刚接触到那些让我心向往之的事物,难道还要再回到那个我曾尽力挣脱的隐形牢笼中去吗?

我耐着性子一一回绝了大家的好意,大家相亲的建议在我耳边就像是在催促我"赶紧上学""赶紧真正地独立"——只有这样大家才会意识到我已经真正地跑远了,而不是那个还需要大人为我找好归宿的小姑娘。

我再一次意识到,自己的脚步必须更加紧些才行。

我慢慢从感受到自身变化的愉悦中冷静下来,认真考虑起眼下生活是否能满足我边工作边学习的需求。饭店的工作虽然让我受益良多,但这样一个鱼龙混杂的地方,仍然不可避免那些人来人往间的挑逗与试探、推杯换盏后的冲突与喧闹,它们星星点点地提醒着我城市绚烂生活背后的那一面。

我对自己有更高的要求,而我也终于找到了能继续让自己更优秀的方式,加上在求学这件事上我自小便有一种莫名的仪式感。于是,我忽然迫切地想要找到一个更纯粹、更能让自己静下来的工作,好让我在维持生计与学费的同时,也有机会进入一种更加规律、简单的生活状态,这样我才能将更多的精力放在上学习这件事上。

我忽然想起了当初自己离开家乡时,就是冲着同伴口中工作简单、环境单纯的电子开关厂，虽然事情接下来的发展出现了一些偏差，但后来的砖窑厂即便辛苦万分，也同样给了我足够单纯、简单的工作环境。

念及此，我给在部队工作的远亲送出了求助信，没多久，我就离开饭馆再一次来到了工厂的大门前。

这一次，是真正的电子开关厂。

第3章
不甘平庸，于无声处听雷

为了争取到上手练习的机会，每天早上七点钟我便会起床，然后打开外面的店门，这时有些在清晨跑步的人就会顺路进来剪头发，我就这样提前拥有了额外的练手机会。当时店里的师姐师妹们并不理解我这么拼命的原因，每天睡不到几个小时，正经工作的时间内又认真得不行，好像我每天都不需要怎么休息。我总是微笑着回应她们的关心，她们不会知道，在我决定来学艺的那一刻起，我就为自己下了创业这一死命令。

时间不等人，我对这句话的感悟实在是太深了，我不会允许自己在这里学习的时间超过一年，那么我就必须比所有人都努力，都用心。彼时亲朋们的相亲推荐也时而出现，而我的拒绝也比以前愈加清晰——我知道我心目中的爱人应该是什么高度的人，如果我想匹配那样的人，我首先要让自己足够强大。

所有这一切都在提醒我一定要先有自己的事业，一个真正属于自己的事业。

3.1 人生转折：求学以外的安身之法

几年前的某一天，我由着女儿拉我走进了她感兴趣的国漫影厅。原本我还和女儿开着玩笑，调侃她都快是20岁的大人了，还要对这种哄小孩的动漫感兴趣。可没想到，当我在电影院里听到银幕上生出六臂的哪吒咬着牙喊出"我命由我不由天"的时候，人生已经走过了千般辛苦的我，心底里仍旧忽而生出了一股陌生又熟悉的感动。

我也曾在环绕着我的"命定"里，对自己心中的念想有过这样一番孤注一掷的勇气与坚定。

最开始时，我在家乡那个小村庄里生活、成长，大家几乎都是祖祖辈辈扎根在那里的人家。山水之间的一方天地是所有人生命的始源与归属，多少年来，每一个人几乎都依照着长辈们的习惯与规矩来规划、安置自己的人生，什么年龄段该做什么，什么性别该做什么，每

第3章 不甘平庸，于无声处听雷

个人看上去似乎是在田边自由自在地撒着欢长大，实际上却被祖祖辈辈传下来的绳结束紧了手脚与思想。

但我明白，在这次起步并不是太顺利的"离家之行"面前，大家为我张罗相亲的确也是出于好意。彼时那样温饱尚且难以自顾的年代，寻个依靠是绝大多数离家进城的女子的选择。在大家眼里，因为爱情而选择的婚姻是人生旅途上的奢侈品，婚姻不过就是搭伙过日子罢了，爱情与面包这道选择题根本不需要多考虑面包以外的选项——每个人都已经为面包耗尽了精力。

只不过，我的追求与理想并不是他们所能理解与相信的，就像当初我在村子里一遍遍跟大家表达自己以后会在城市里生活时，他们却总是劝我多学点家务活一样。他们认定了正确的人生就是要照着许多人走过的路那样走下来，于是，我这样离经叛道一般的想法，在他们心中就是异想天开、不务正业。

但一个人若想要自立于世，如果没有自己的坚持，没有一个不满足于现状的梦想，反而总是让自己内心的选择与渴望被周围消极、认命的声音掩盖，又怎么能在这个世界找到自己的方向，开辟出自己的位置呢？

值得庆幸的是，从小到大我都不是一个容易被周围的声音影响的人，我的确也会听取大家的建议，但我也会坚持自己反复思索之后认定的事情。这种信念感大概也是从小到大支撑着我的动力源泉，是在我所遭遇的一次次逆境与混沌中劈开迷雾的那道光。

进入电子开关厂之后，我又报名参加了可以在夜里上课的成人大学，每天奔波在工厂、宿舍、学校间的三点一线里。工厂里的工作单

我想成为你

调到甚至有一些枯燥，但却为我提供了足够安稳的学习空间。那所被我寄托了全部梦想的学校在南京市鼓楼区的山西路上，离我工作的电子开关厂非常远，每天下了班，我都会骑着一辆20块钱买来的二手自行车赶往学校上课，一来一回光在路上就要花费三个小时的时间。

数不清有多少次，一旦我跨上那辆破自行车，脑海中便会出现当年带着母亲四处看病的画面。那时的我一如现在，也是怀着一腔想要改善全家人生活的热血奔波着，不一样的是，当时我还只是、也只能在脑海中想象着自己能做与该做的一切。

而此时此刻的我，却已经奔赴这条路，每一次的骑行都是真正在为自己憧憬的一切尽力倾注着所有的努力。

不过更多的时候，我都是在这珍贵的三个小时里认真地回想那些需要我记忆的知识点，砖窑厂的经历让我对时间的分配与利用信手拈来——一个人不应满足于眼前的生活，同样也不应该满足于眼前的24个小时。

如果我能在有限的24小时里完成更多额外的事情，能把一个小时掰成两个小时用，还有什么嘈杂的声音可以追上我呢？就在我以为眼前这条自己摸索出来的半工半学之路，会是唯一一条能改变我接下来整个人生的破局之路时，我在南京的街头邂逅了我迄今为止最大的人生转折点。

那是一个休息日的下午，我正走在返回电子开关厂的路上，那会儿的我已经很久没有好好关注过城市街头的风景了：每天踩着昏黄的夕阳赶往一个半小时自行车程以外的学校，入夜后，又迎着昏黄的灯光踩着自行车回到工厂的寝室，路上虽然始终人来人往，可所有的喧器都被我下意识地屏蔽在充斥着新学的知识的大脑以外。

这份喧嚣与繁华暂时还不属于我,我便还没有享受它们的资格,也没有为此暂停脚步的勇气。

但这个下午我难得地给自己的大脑放了个假,就这样,我留意到了那位漂亮的女士——近乎一米七五的高挑个子,精致的妆容,讲究的着装,正在街边一边踱着步一边用大哥大通话。

大哥大在当时还是十分稀有少见的东西,每天都待在部队电子开关厂里的我,几乎没有在报纸与宣传画以外的地方见过它。我不由自主地改变了自己前行的方向,等到她终于放下电话的时候,一股不知道从何而来,却又令我异常熟悉的力量驱动了我,等回过神来时,我已经站在了她的身边。

我诚心地夸赞了她的漂亮,表达了想与她聊天的想法,或许是我的出现太突然,又或许是我的请求太奇怪,我从她淡漠的眼神与未曾停住的脚步读出了她并不太想与我交谈的情绪。这令我有一瞬间的担心与退却,那股压在我骨子里的内向情绪,虽然大多数时候都被我一直以来对梦想笃定不移的使命感遮掩得很好,可一个人的性格毕竟是与生俱来的本能。

但不过片刻后,"我来这座城究竟是干什么的"的想法便再一次占据了内心的情绪高地——我此时此刻能站在这里,就是因为一直以来都在尽可能地抓住所有的机会。

小时候如此,初成年时如此,此时此刻难道不是更该如此吗?

再一次鼓起勇气开口时,我让自己的语气与态度更加诚恳了一些,轻声询问她是否能打扰几分钟。大概是我的坚持引起了她的好奇,也或许是她习惯性的良好教养，她终于点了点头，停下脚步看着我。

我曾向许多人坦陈过自己的梦想，但大多是我认识甚至熟识的亲朋友邻，向路上萍水相逢的陌生人道出自己的一切，这还是头一次。

那时的我虽然已经找到了自己认定的破局之路，可是实际上，在这条路的远方我究竟还会遇到什么，而我想要走通这条路究竟还应该做什么，于我而言仍然是未知。我的身边并没有与我理想高度一致的人可以同行，也并没有能给予我有效指导的人可供参考。我摸着石头在迷雾中踏出了一步又一步，它虽然的确是我目之所及最为踏实的路，可我制定的目标却在更远的迷雾之后。

该如何继续走下去？即便独立如我，也会需要一个坚定的声音给予鼓励。

在这位显然于城市中收获了成功的女士面前，我从自己的家乡聊到了现在上工的工厂，我那被重男轻女的父亲无情切断的求学之路，我那在传统规则束缚下的挣扎与渴望，这么多年来第一次被我如此完整地表达给另一个人。

我告诉她，我做的每一个选择都不被父亲支持，可我仍然争取到了现在站在南京街头的机会。

"我在寻找一个通道，一个能让我从农村人变成城里人的通道，一个能改变全家人生活的通道，一个能让我真正在这里立足的通道。"

讲完这一切的时候，我竟然从她眼中看到了泪水，她告诉我，其实她也是农村人，我的经历勾起了她许多的回忆，即便她的成长环境不如我所经历的那般辛苦，她能有现在的成果也吃了不少的苦，所以我长久以来坚定不移的真心让她分外动容。

第 3 章　不甘平庸，于无声处听雷

"你今天想改变命运，必须有一技之长，好好学习考上大学不是改变命运的唯一出路。"她望着我叹了口气，接着说，"你现在上的成人大学，也不是你当年错过的那种大学，即便学成了出来，也不一定好立足的。"

听从她的建议，我决定像她当初的选择一样，学习求学以外的安身之法。正好她和她的姐姐都是美发师，我便跟着她的姐姐——赵姐，学习美发的手艺。那时候当学徒需要交学费，手里没钱的我便只能先让母亲帮忙偷偷凑了100斤大米带给赵姐，接下来再每个月交100块钱，直到补齐学费。

我的人生，就在这一刻发生了重大转变。

3.2 第一次创业：懵懵懂懂

做学徒的生活是辛苦的，这种辛苦仿佛一下子回到了在砖窑厂时的生活，甚至比那个时期还要劳累。

在还没有完全将电子开关厂的工作交接结束的一个月时间里，我每天下了班便会骑着自行车赶整整两个小时的路到赵姐的美发店里，等到赵姐的美发店关门时，往往已经夜里两三点了，等我这时候再往寝室赶，几乎每天只能在四点钟躺下休息，马上七点半又是该起床上工的时间。

这般紧张的作息，并没有因为一个月后我离开了工厂而远离我。那会儿还是夏天，在赵姐那里学习美发手艺的，加上我差不多有十几个人，每天凌晨两点多下班后，大家便排着队在店后用大盆接热水洗澡，每次好不容易轮到我洗完澡，已经过去了一个半小时，等我终于能躺在店内的通铺上睡觉时，差不多都要三四点了。

然而起床的时间，并不会因为你睡得晚而有所推迟。

那时候学徒上手练习的机会并不是轻轻松松就能拿到的，大家都有不同的学习时长，店里生意热闹起来的时候，剪发、美发的机会，除了赵姐便落在几个学得久的师姐身上，像我这种刚来没多久的小学徒，暂时还只有在旁边观摩、打杂的份儿。

为了争取到上手练习的机会，每天早上七点钟我便会起床，然后打开外面的店门，这时有些在清晨跑步的人就会顺路进来剪头发，我就这样提前拥有了额外的练手机会。当时店里的师姐师妹们并不理解我这么拼命的原因，每天睡不到几个小时，正经工作的时间内又认真得不行，好像我每天都不需要怎么休息。我总是微笑着回应她们的关心，她们不会知道，在我决定来学艺的那一刻起，我就为自己下了**创业**这一死命令。

时间不等人，我对这句话的感悟实在是太深了，我不会允许自己在这里学习的时间超过一年，那么我就必须比所有人都努力，都用心。彼时亲朋们的相亲推荐也时而出现，而我的拒绝也比以前愈加清晰——我知道我心目中的爱人应该是什么高度的人，如果我想匹配那样的人，我首先要让自己足够强大。

所有这一切都在提醒我一定要先有自己的事业，一个真正属于自己的事业。

抱着这样的目的和决心，我在赵姐这里仅仅花费了九个月，却一鼓作气地学习到别人三年才能学下来的手艺。其实当一个人心里有明确的方向与动力时，是不会觉得自己累的，在赵姐那里没日没夜勤学苦练的日子我过得很开心——因为我找到了成功的通道。

这个通道不再像我一边工作一边上夜大时那样，踏出的一步步虽然在眼下是踏实的，却让人琢磨不透接下来的路会是怎样一番模样。若不是那个休息日的午后，我在街头拦下了赵姐的妹妹，和她有了一番推心置腹的交谈，我甚至都不知道我努力争取到的成人大学，和我心中那条靠大学文凭立足城市社会的路子有差距。

而现在这条学艺之路，我能在赵姐身上看到我能成为的样子，这是她已经摸索过并切实获得了成功的路，一个成功的女人，在我眼前不再只是一个文字性的代称，而是一个我能扎扎实实效仿的模板。

这是一条我未曾想到过的路，却又的的确确是当下的我能走的最好的捷径。

九个月之后，我向赵姐请辞，她对我十分不舍，毕竟像我这样勤奋上进到不顾休息的学徒实在少见；但她也早有所料，毕竟像我这样自己给自己施压的人，一看就是对自己有不寻常的要求。

离开赵姐的美发店后，我并没有马上开启自己的创业路，"做好万全的准备"一直都是我坚持的理念。虽然在把握人生这件事上，我的确许多时候是个理想至上的人，但我从来不是冲动型的性格，稳扎稳打是我一直以来的行为规范。这样的自我要求能给我安全感，而这种安全感对于一直独立打拼的我来说尤为重要——没有人可以替我"擦屁股"，所以我没有太多碰运气的机会。

虽然我靠自己的勤奋在赵姐的店里争取到不少练手的机会，但我还始终未能独立完成过全套的美发工作，这让我心里对自己的技术效果并不是百分百有底气。于是我找到了一家小店，成为店里的大师傅，

第3章　不甘平庸，于无声处听雷

又花了两个月的时间认认真真地抓住机会练基础。

一切就绪后，我接手了一家美发店，正式开始了自己的第一次创业。

这家美发店是我在报纸上看到的，店主找到了一个称心合意的对象，准备赶紧把店卖掉去结婚。我仔细调查了一下店面所在的位置，发现那里背面就是一个中学，街道周围一整片全是居民楼，两边门面房都是做生意的，俨然一个小繁华地带。

既然地段还不错，那生意一定不会差劲，想着这个店的生意我一定可以做起来，便和要转让的小姑娘约了见面的时间。

小姑娘提出店面的转让费要一万五，但当时我手里存下来的钱只有2000块，在没有讨价还价余地的情况下，我只能想到向亲近之人借钱。可是那时候我才22岁，身边的朋友与同学也都是刚刚开始养家的年龄，大家都穷，没有人还有帮助别人的余地。

我自然想到了自己的父亲，虽然习惯了父亲对我各种请求的拒绝，但在我无人可求的时候，这层剪不断的血缘关系还是会让我下意识地想要对至亲产生依赖之心。

父亲是村里的会计，一直都会为村里有需要的人做担保，帮他们贷款，甚至附近五六个村的村民都会常来找父亲帮忙。既然父亲帮他们都这么容易，那这一次帮帮我应该也不是什么难事。抱着这样的想法，自父亲撕碎我的录取通知书，狠心粉碎我求学的请求之后，时隔多年，我再一次正式向父亲提出我的请求，然而这一次，我并没有收获到不一样的答案。

我以为是我写信求助的方式还不够诚恳，于是又抓紧时间赶上了一趟回家的大巴，满怀期待地向父亲下跪——快要22岁的我放下了一切尊严与倔强向父亲讨一个机会。

可父亲仍然毫不犹豫地拒绝了我。

这一次的打击,比他曾经当着我的面撕碎我好不容易得到的录取通知书还要令我心痛。

诚然,从小到大,我从父亲这里收获的拒绝数不胜数,但我始终都未曾恨过他,我知道他重男轻女,我知道他高傲自负,这些在过去的岁月里虽然同样对我影响至深,可我都选择了忽略不计。

但是这一次,当我真正身处无依无靠的陌生社会,当我面临自己实在无法解决,而只有父亲一个人能真正帮助到我的时刻时,他的拒绝就像是扼住我咽喉的一双手。我第一次在看向父亲的时候感受到了**恨**的情绪,我反复地在心里发问,自己究竟是不是他的亲生女儿,可我又想起他对待村里人的态度,自嘲地意识到,甚至可能从别处抱来的孩子在父亲这里都能收获到比我更多的关心与暖意。

在父亲这里碰壁后,我清醒地认识到,在我选择的这条路上,能依赖的就只有自己。于是我重新找到要转让店面的那位小姑娘,再三沟通后答应了她十分苛刻的交易规则:我先将现有的2000块交给她,剩下的一万三在一年之内分期还清,如果一年后我还没还清,这个店面就要还给她,而之前交出去的钱也与我再没有关系。

这样毫无公平与保障的交易规则,对于当时毫无依靠的我来说却已经算是好心的恩赐——如果我后来没有发现更多不公的话。

直到我应下那位姑娘的要求,真正开始以店主的身份生活时,我才知道,这家店门口的马路有扩宽计划,并且就打算在近期执行,等到开工的时候这一片的店面都得拆迁,一旦真的要拆迁,我与那位姑

第3章　不甘平庸，于无声处听雷

娘的交易相当于直接打了水漂。而和周围的店主熟悉起来后，我又发现那位小姑娘几乎是以翻了一倍的价格与我定下的门面转让费——这里的店面，原本只需要8000元左右的价格就可以拿到。

可事已至此，唯有用心工作。抱怨从来不是解决问题的途径，它只会耽误你的速度，模糊你的视线。既然已经应下了现在的规则，把它当作一场艰巨的考验磨炼自己的意志与能力，远比叹气抱怨能收获更多，抓紧每分每秒去用结果结束这场约定，才是突破困境的唯一出路。

那时店面除了高额的转让费，还有700块的月租，我拿到这家店的时候距离下一次缴纳房租还有半个月的时间，我又花了半个月的时间找到房东沟通房租的问题。那时的我已经将身上仅剩的2000块积蓄全部交了出去，而新店的开张还没有筹备停当，下个月的房租与新结算的电费无论如何我也没办法及时交清。

幸运的是，这家店的店面其实属于后面的中学，房租问题也只有依靠与中学校长面对面沟通。我态度诚恳地表明了自己现在的境遇，也将自己从小到大的人生经历一一说给他听，我的打工遭遇，我的人生梦想，全都毫无保留地告诉了这位校长。

有感于我的坚持与努力，校长含着泪沉默了半晌，拿过旁边的一个空铁盒交到我的手上，说："从明天开始，你把生意做起来，每天只要挣到了钱，就拿10块钱放进去，不够的话就算了，到了月底一共有多少就给我多少。"

校长嘱咐完这些，似乎又想到了什么，叫住了正不断感谢、准备离开的我，并告诉我他会让人帮我关停店面的电表。按照过去的经验，这家美发店每个月至少需要交三四百的电费，但校长许诺我以后每个月只需要交100块钱的电费。

得到了校长如此用心的帮助,我开好这家美发店的信心更足了,而我的运气也仿佛因为校长好心的关照转好不少,营业的第一天我就单靠一个人剪头发的力量赚到了88块钱,之前在饭店和电子开关厂工作,辛辛苦苦一个月也只能拿到150元,两相对比之下,这次创业的开端于我而言不得不说是一场令人愉悦成功。

大概是因为这一路走来,即便再艰辛的时刻我也总能遇到真心帮助我的人,我在面对店里的客人时,便也总是会忍不住付出自己的真诚与用心。剪发虽然是所有人的定期需求,但这个世上总还是有连剪个头发的钱都舍不得也出不起的人,我在困苦的境遇里挣扎过,更能理解这种时刻下得到的帮助有着怎样的意义,所以一次次向那些辛苦的人群伸出自己的援手。

那些囊中羞涩,却又辛辛苦苦地做着比我还辛苦的工作的人,我都会免费给他剪头发,甚至有许多仅仅只是看上去和当时的我境遇差不多的人,我也会额外为他提供免费的洗头、吹头的服务。但这不代表我就会对有钱人"狮子大张口",对于其他的客人,我仍然会以最低的价格配上最好的手艺与态度为他们提供专业的服务。

由于我最开始是在规模颇大的美发店里学的手艺,相比同街的同行们,我会打造更多时尚高档的发型,在这种远高于其他店面的技术水平下,我实惠的定价就更加凸显了优势。不到两个月的时间,我的口碑便传开了,有钱的没钱的都认准我这家店。这种越来越高的认可度,自然为我带来了越来越好的生意,一时间,"凤凰一把刀"的称号就这样在这条凤凰街上流传开来。

3.3 第二次创业：认准方向

如果我是个安于现状的人，美发店的生意或许就会是我人生路上最后一个闪光点，但偏偏，我骨子里便不是一个容易满足于现状的人。不过，一开始的时候，我也的确在这家美发店带来的安稳生活里平静地度过了将近10年的时间。

那会儿我虽然已经在凤凰街打出了名声，但我明白，相比我的技术与审美，待客的态度才是我最核心的竞争力：怎么让顾客喜欢我，怎么让顾客认可我，怎么真正地抓住顾客的心……我之前的打工经历让我明白，得到别人的喜爱是一件多么重要的事情。但我与曾经帮助过我的人的关系，不是现在我与顾客的关系，我曾经求助过的那些人愿意倾听我的过去，愿意了解我的艰辛，愿意共情我的坚持，但顾客们对这些并不感兴趣。

顾客来到店里消费，他最关心的只是自己可以获得什么样的产品，可以享受到什么样的服务，只有满足了他们这些需求的店铺才是有价值的店铺，这是我在赵姐那里做学徒时，除了美发技艺以外最有价值的收获。因此，为了给顾客们带来最满意的服务，我总是会在为顾客打理头发的时候询问对方的职业与喜好，从沟通中摸索判断出对方的性格，最终为他设计并剪出一款最合适的发型。

即便用心至此，一个人的美发生意最好的时候一天也只能挣到不到200块，在当时的条件下，单凭我自己的力量，想要在维持店面运营的前提下及时还清一万多的转让费，实在是有很大的困难。那时候的我，常常开着店门的时候对大家笑脸相迎，关上店门就只能躲在被窝里哭。夜深的时候，外面有一点点动静，我都会立马惊醒起身，担心是否有催债的又找上了门。

没多久，我开始为自己的小店招学徒，试图提升店铺的营业能力。招来的员工是年轻时尚的小姑娘，当我还穿着五块钱买来的衣服，就着黄豆芽和豆腐乳吃干巴巴的白稀饭时，她已经每天换着各种时髦的打扮在周边的馆子里解决自己的午餐与晚餐了。时间一长，周边做生意的老板都开着玩笑问她怎么比老板还悠闲，怎么不多帮帮老板，她也不懂得避讳，时常顺着大家数落两句"老板穷死了"。

小姑娘每天倒确实会利索地干完自己的活，我也无暇再去操心她那些口无遮拦的玩笑话，我其实十分理解她的没心没肺，只有没有真正吃过苦的人，才能这么孩子气地生活着。

如果我不曾经历过那些艰苦，是不是二十出头的我也应该是这般不知穷苦的天真模样？

第3章　不甘平庸，于无声处听雷

但那时的我即便理解，也从未羡慕过那样的生活，因为只有满足于现状的人才会像这样及时行乐，而满足于现状便代表着向自己所处的环境妥协，代表着放弃更优质的理想——我不愿成为一个认命的人。

与原店主约定好的转让费，我最终还是尽力在第一年的期限内还清了，这归功于我人生中最特别的一次好运。

在我刚刚接手这家店的时候，原店主便告诉我，这家叫"倩影"的店能给开店的人带来好运，只要是小姑娘来开店，基本上半年就能找到一个好对象。那时的我半信半疑地含糊过去了，尤其是在后来知道她在转让费上并没有真诚待我的时候，我更是将她当时的这段话当作卖店时的"糊弄"。只是没有想到，在我真正把这家店开到快半年的时候，我真的在这里遇到了现在的丈夫。

那时的他是街对面一家餐馆的老板，在我与他确定恋爱关系后，他卖掉了自己的店面帮我还清了剩下的债，我们就这样相互扶持着将美发生意越做越大，最终开到了五六家连锁店的规模。那个时期是我人生中第一段过得还不错的日子，渐渐安稳下来的时候，人总是会放松自己的神经，我也有点在这样安稳的幸福感里迷失自己的方向，慢慢地像当初我并不认可的那位小姑娘一样开始享受触手可及的小幸福。

这时，突如其来的非典疫情打乱了我的生活节奏。

因为非典的关系，服务型行业的生意都陷入了生意萧条的困境，美发店也就此空闲了不少，我开始跟着周围的老板们一起打麻将，这样闲散的态度更是冲淡了店里的生意，陷入恶性循环后，我忽然从这种麻木又颓废的生活状态中惊醒。

现在这样是我想要的生活吗？

决然不是的，我向自己承诺过要改变全家人的命运，可我怎么就在这条路上停滞不前了呢？

其实早在非典出现之前，我的美发店就陷入了经营危机，由于我的手艺好、价格低，后来不仅仅是住在凤凰街的人会来我家剪发，许多离这一两条街的人也会慕名而来，常常我家店门口摆上长椅便会坐满了等待剪发的人。其他人见我生意火爆，便都将美发店开到了这条街上，从一开始零星几家店，最后变成了一条街上有17家美发店。

为了与我竞争客源，他们又不计成本地疯狂压价，原本20块钱的一套剪发业务，他们便打出十块、五块的超低价。渐渐地，在如此恶意的竞争之下，我的优势不再像一开始那么明显。而那个时候，许多美发行业的职业影响也渐渐在我身上显现出来，由于长期直接接触烫发染发的药水，我的双手和脸颊都出现了不同程度的过敏症状，伤身体的后果也让我意识到美发行业并非长久之计。

最重要的一点是，那时的我经历过创业之后，对于市场环境的观察与理解，有着与之前相去甚远的高度与深度。

美发行业利润本来就很低，是非常依赖客流量的行业，而优秀的美发师与美发店又很好复制，几乎没有什么太大的门槛。只要你学好了手艺，50万可以开个店，10万可以开个店，甚至几千元的店也比比皆是，哪怕有的人在自己的小区里摆面镜子，也可以成为一个生意不错的美发场所。

这就注定了美发行业在未来的10年内竞争只会越来越大，我在凤凰街经历的这一切，不过只是这种高压竞争环境的冰山一角，而轰轰烈烈的竞争市场，注定会将美发师的用人成本慢慢抬高，"用人荒"，

第3章 不甘平庸，于无声处听雷

是这一行业不可避免的一大难题。

多重因素的作用下，我果断地卖掉了自己的店面，试图寻求新的机遇，在这一短暂的休息期，我又遇到了自己人生的重要转折。

当时我和丈夫去超市购物，准备离开商场的时候被两个年轻的小伙子喊住了，他们十分热情地介绍了自家美容院的免费足疗活动，我想着自己反正有空闲，便跟着他们去了。

到了美容院之后，经验丰富的足疗师刚刚上手按了几个穴位，便得出了我近期尿频的结论。我一时间震惊到说不出话来，当时我刚刚生完孩子没多久，身体还没调理好，一些大大小小的问题十分困扰我，而尿频正是我最为头疼的身体症状之一。

眼前足疗师的游刃有余让我心中蒙尘许久的火苗忽然复燃起来，我想起来自己在十三四岁时带着母亲奔波看病时许下的心愿——我想要做一名治病救人的医生。

当时想要当一名医生，是因为深切地感受到一个家庭里一旦有了一位病人，便很难再感受到幸福与快乐，而我很想解决家庭的快乐问题。可是后来父亲对供我继续上学这件事的阻碍，破坏了我实现这一梦想的可能性。慢慢地，我不再将自己限定在当医生的梦想里，觉得只要可以改善全家人的生活便是一件了不起的事情。

但此时此刻，眼前对我的身体状况几乎了如指掌的足疗师似乎在向我暗示另外一种可能性。

接下来的一个月里，我办了张这家美容院的VIP卡，在将自己的身体状况调理正常后，我忍不住对那位负责服务我的足疗师问出了在我心头横亘了许久的问题。

"你们做这一行，和医生有什么差别吗？"

足疗师似乎不是第一次回答这样的问题，他带着一丝不易察觉的自豪告诉我："医生是在医院解决你们的问题，而我们是把病人挡在去医院的路上。在你还没有进入疾病状态的亚健康时期，我们就将你的身体调理好了，这样你就没有机会再去医院了。"

听此一番话，我还有什么理由拒绝这一行业呢？

在我的意识里，美容行业是能同时解决一个家庭里健康与幸福这一双重问题的行业，进入这一行，是我最好的选择。但什么都不懂的我显然不可能马上就在这一行业做出好的开端，于是我开始在各个渠道寻找美容院的应聘公告，最终在一番寻觅后进入了一家开在大商场里面的美容院。

在这里，我只干了三天，第一天观察店员们的行事习惯与顾客的个性特征，第二天便开始上手招待顾客，过去的服务经历让我在与顾客沟通这件事上几乎毫无障碍，因此还十分顺利地售出了一张价值7000块的卡。到了第三天，正好遇上了一个带着老公来要求退卡的顾客，那位顾客的老公是律师，店里其他的店员都有点发怵，而我出面接待后，这位顾客不仅没有退卡，还多进行了一项消费。

三天后，我自信地认为开美容院简直太简单了，便辞去了工作开始找寻自己的门面。

那时的我在创业这件事上还没有吃过真正的大亏，当年美发店店面转让时遇到的麻烦也都因为好运的加持，除了在身体上吃些苦之外，并没有遇到什么令人绝望的大风险。再加上我认为美容美发不分家，自己在美发行业有将近10年的经验，做美容再怎么说也是信手拈来。

第3章　不甘平庸，于无声处听雷

可没想到，光在店面选址上，我就犯了大错。

我按照当初美发店的经验，见一个出租门面紧挨着小区，也不管那个小区的消费水平在什么水准上，便花5000块随便找了这个原来开麻将馆的门面定了址。随后我又参观了几家美容院，仿照他们的装潢与器械开始装修门店和采购，前后加起来差不多投资了20多万。

后来的效果证明，这次的选址十分失败，这条马路虽然紧挨着一个小区，可是这个小区的整体消费水平并不在美容院的目标用户范围内，来来往往的人虽然很多，可没有多少人会将自己的兴趣与目标落在我的美容院上。

这次创业投资进去的20多万，不单单包括我这么多年做美发积攒下来的所有积蓄，还有我与丈夫二人向亲朋好友借来的不少钱。当时自己基于之前美发店的成功，信心满满地选择了美容行业创业，是以为这次一定会很简单，才放心大胆地麻烦了这么多朋友，但没有想到，所有这些因自信而开口的拜托，最后都成了牢牢压在自己肩上的重担。

除此之外，美容院的经营方式也与美发店截然不同，当时我应聘的那家美容店已经有了自己相对稳定的顾客群体，所以我并没有感受到美容院揽客的艰辛。这一点直到我自己开了这家美容院才意识到：对于一家新开的美容院来说，**客源永远是第一大难题**。

美发店往往不需要你去主动揽客，有许多顾客会自己走上门来，而你会说话也好，不会说话也罢，只要自己的技术过硬，来过的顾客便还会有很大的概率再次光临。但美容院就不一样了，尤其是对于新店来说，几乎很难会有顾客主动走上门来。

同时，一家美发店即便店面很小，顾客只要体验过你的技术，或听说过你的名声，便不会再怀疑你的能力；而一家门面太小的美容院，即便你用着和那些大店相同的仪器与产品，即便上门的顾客体验过大同小异的项目，她也仍然会怀疑你的功能效用。

　　一事错，事事错，后续的问题接踵而至，员工的招聘、工资的档次、产品的市场……几乎每一个环节我都在犯错，而我无论怎么做出调整都难以扭转这个店从开业起便没变过的亏损局面。最后，当我消耗到不得不把自己家的房子卖掉以发出所有员工的工资时，我意识到：**这家店不可以再继续了。**

3.4 第三次创业：祺源诞生

然而，想要结束这一切也不是那么容易的事情，卖掉自己的房子之后，我和丈夫暂时搬到了美容院里住，一边艰难地维持着每日的支出，一边试图找机会将这个店面卖掉。人在不幸的时候好像会有更多的霉运降临，原本指望着至少在店面的交易上尽力挽回一些亏损，可最终投入了20万的店面只能以一万七的价格再搭上半年的房租贱卖，而我光在报纸上花费的刊登费用就高达1000元。

卖掉这家店面后，我和丈夫住进了月租100元的铁皮车棚里。南京的夏天经常是将近40度的高温，在没有空调的车棚里，即便是吹着空调睡着不动，也会轻易热出一身的汗。等到天气转凉开始下雨的时候，又总是要面临外面下大雨里面下小雨的日常。不论冬天还是夏日，我们都只能拿个大盆倒上自己烧开的水洗澡……

一时间，我好像又回到了当初在砖窑厂打工的日子，甚至比刚进城的那会儿还要糟糕。

那时的境遇下，我最大的好运就是孩子由爷爷奶奶带着，因此女儿不用跟着我们吃这些苦。丈夫也依然乐观地陪着我，无论我们生活得多艰苦都没有停止对我的鼓励与支持，其实我明白，在他的乐观之下同样是一颗犯愁的心，但他总是希望能给我更多积极的力量。

那时的我很喜欢看古装片，看到电视里的甄嬛否极泰来时，我便想着，自己此时此刻会遇到这么多的挫折，是不是正代表着好运将至，等这些磨难过去了，我是不是就会迎来新的成功？

所有这些都是我帮助自己乐观面对困境的想法，并不代表我真的就不会反思自己的失败。实际上，在经历了这次创业的失败之后，我彻底明白了一句话，**不懂的千万别做**。这句话在我往后的生命历程里起到了尤为关键的作用——因为每当我有了新的想法，面临新的尝试，我都会异常专注地先将新的内容调查清楚、理解透彻，只有确保自己实实在在地掌握了它，才允许自己在它的基础上完成新的动作。

对未知抱有谦逊的心，是稳住自己的生活与事业的基础。

这一次的失败，带给我的也不仅仅是对自己行事方式的反思，它彻底指明了我未来的人生方向——在哪里跌倒我就要在哪里爬起来，既然我在美容行业的失败让我一无所有，那我也一定要通过在美容行业的成功把一切都拿回来！

吸取教训后，我迅速对自己第三次创业的准备工作做出了思考与规划。虽说上一家店的失败让我在物质上损失惨重，但它却也为我留下了许多尤为重要的经验。比如这一次我就毫不犹豫地将开店目标定在了连锁品牌上，因为上一家店的经历让我意识到，顾客对单体店很难产生信任感。

对于美容这个高消费的行业，顾客在单体店很难进行大额消费，更不会愿意办卡，因为他们会担心店面的寿命，而非连锁的单体店一旦关门，或者恶意"跑路"，他们连维权都难。

一家美容院，如果连最基本的顾客信任都拿不到，又怎么继续发展呢？

因此，我为自己定下了开店目标，在美容业，我要做连锁，未来一定要开100家店、200家店，甚至上千家店。有了这样的目标后，我便意识到自己需要向已经成功的大型连锁美容院学习。接下来的一个月里，我四处寻找合适的学习机会，最后终于找到了一家在全国拥有8000多家店的大型连锁美容院。

那时自己应聘的是店长一职，负责人问我是否懂得店务运营与员工管理，我想了想，诚实地告知对方，自己虽然开过店，但并不懂得经营，也并不理解管理。负责人听我这么坦白自己的能力，意外地看着我："那你有做好这行的能力吗？"

我坚定地望着负责人，点头告诉他，我有做店长的能力。或许是被我的坚定所感染，负责人陷入了思考，我见他有所考虑，便积极地向他承诺，可以给我一周的考验时间，看看我是否真有潜力。

"如果我真的是个人才，你就这样丢掉了也会觉得可惜吧？"

似乎没想到我会如此自信地说出这样的话，负责人也对我产生了浓重的好奇心，于是一口应下给我一周的考察期，但是我要先做美容师。

我的领悟能力自小便是强项，得到考察机会后，我便泡在店里仔细观察其他美容师的言行举止，学习与美容院顾客打交道的沟通技巧与语言方式。虽然我在美容方面的专业手法上没有接受过连锁店的内部培训，但在发展顾客这一块，我却正好能将以前10多年的沟通经验好好利用起来。

对于这方面的能力，我有自信会是店里最厉害的那一位。

很快，不到一个星期的时间，我便做出了三万块的业绩，这个成绩不仅仅在这一家店，哪怕是在整个连锁集团，也是一个非常精彩的成绩。于是，在我来到店里的第五天，负责人便将我提为店长。五个月后，我就坐到了经理的岗位上，不到半年的时间，从管理一家店变为管理五家店。如此迅速的进步与升级也给了我更充足的信心——这证明我的方向对了，而我也是适合这个行业的。

归其原因，其实最为重要的一点，还是我从踏进这家连锁店的那一刻起便十分明确自己的目标：我来这家企业是做什么的？

我不是单纯为了挣钱而来，我从来都不是只考虑养家糊口的人，赚钱养活自己对于我来说并不是一件难事，我有技艺，我有经验，我甚至还有自己特殊的口碑，如果我只是为了过好自己的日子，我有更轻松的路可以走。

但我是要挑战自己，我是要从失败过的位置重新爬起来的人，我是想要真正彻底改变自己的命运的人。曾经的经历带给我的最大感受便是，不同维度的环境有不同素质的人，你想要和更多高素质的人相处，想要过上真正高素质的生活，你首先要让自己成为一个高素质的人，让自己到达一个高素质的圈层。

你想成为什么样的人，便要和什么样的人做朋友，和什么样的人

第3章　不甘平庸，于无声处听雷

交流生活，既然我想要彻底改变自己的命运，那么让自己到达能主宰自己命运的社交圈层就是我改变命运的第一步。

抱着这样的目的，我在这家连锁店里更加认真地拓展着自己的能力。很快，在第十个月的时候，我便晋升为管理五六个城市店面的区域经理，在到达这个位置后，又过了不到一年的时间，我又坐到了管辖20多个城市店面的总经理位置上。

当我真正达到这一举足轻重的位置，开始近距离和各种老板接触时，我在这一行业的核心学习才真正开始。我开始试着分析老板的战略思维，开始了解许多做单体店的时候根本想象不到的经营理念，对美容业的理解也进入到了前所未有的高度与深度。

我深切地感受到，一个人在基层是看不到这一行业的天花板的，而一个创业者如果连行业的天花板都不曾见识过，她又如何带领自己的店面越走越高、越走越远呢？

在这家美容企业里，我一共待了两年半的时间。在这段看起来不短的经历里，我却将美容行业从店面选址、识人用人、薪酬体系，乃至产品定位等全部内容都摸索清晰了。从我得到的所有信息与经验来看，两年半的时间似乎又实在是太短了，有多少人能用这么短的时间，在一个行业里能从连专业手法都不甚清楚的基层员工，做到企业老总的位置呢？

更何况我不仅仅是在一个企业里实现自己的价值，而是从这一个窗口窥得整个行业的定位。

我能完成这一看上去不太可能的"任务"，不仅仅是因为我自己的经验与学习能力为我做好了足够的铺垫，还因为我在进入这家连锁机构的那一刻便严肃地告诫过自己：已经没有多少时间能再让我耽搁了，这一次不仅必须成功，还必须越快越好。

做好了这一切准备之后，我向自己工作了两年半的企业请辞，带着自己从这两年半的时间里收获的所有经验投入了自己的第三次创业。这一次，我好像又回到了当初接手自己人生中第一家店面时的状态：我做好了所有的准备，我对自己的能力也有了十足的信心，而眼下，我只需要一个开始的机会。

很快，将近四年后的再一次创业有了一个足够稳定的开局，历经千挑万选之后，我在县城的乐天广场里盘下了第三次创业的第一家店，起名为"忆诺贝姿"。

祺源的初生，就这样在2010年的6月8日，埋下了尚未扎深，却足够稳固的根基。

PART 2

你成为我

第4章
蝴蝶振翅，细涓润物无声

在许多人的童年里，教会自己不怕黑暗的往往都是父母长辈，而在我的家庭里，我的妹妹们却只能从我这里收获那些生存以外的成长。家中那位重男轻女的父亲自不必说，而母亲再温柔，毕竟也没有上过学，没有经历过正常、完整的童年，没有见识过外面的世界，她能给予我们的是最原始最纯澈的爱，却给不了一个独立的生命需要从父母长辈那里收获的一些人生提点。

我一直都很笃定，我的女儿一定能在不久的未来超越我，因为在她身上我隐约看到了与我别无二致的自主与独立，而她却比我当初拥有了更多的支持与机会，她有着能够自由成长的土壤，当然有机会绽放出比我更精彩的光芒。

4.1 做女儿：包容父母一切

许多人在理想陷入困境时都喜欢抱怨，抱怨擦肩而过的机遇，抱怨平凡无奇的出身，抱怨自己生不逢时，抱怨他人不识良驹。这种抱怨在面对自己的父母时往往更为浓烈，也许的确是心情低沉时需要找亲近之人倾诉、发泄，也许的确是父母曾经的忽视造成了什么难以挽回的遗憾——这大概也是许多家庭在孩子逐渐长大并拥有自我意识之后，很容易爆发矛盾与争执的重要原因。

而我成长至今，却很少抱怨，尤其是对自己的父母。

我明白"抱怨"这种情绪是许多人宽慰自己的一种方式，但这在我的眼里却是一种没有太多价值的情绪，我从未有过——也并不认为可以——通过这种情绪获得心灵慰藉的时刻。而它明显对每个个体几乎都有不见边界的精力消耗，更令我对这种情绪敬而远之。

第4章 蝴蝶振翅，细涓润物无声

回想父母与我一路成长相伴的点点滴滴，放在许多人身上，或许每一份回忆都必定会带着一些想要向人倾诉、抱怨的苦涩。

母亲的确是一位温柔又懂得包容的女士，可她毕竟没有经历过正常的被大人爱护与照顾的童年。曾经的她不被允许拥有需求，不被允许像个孩子一样向长辈表达温暖的情感，更从未在孩童时期从长辈那里收获过任何积极的正面情绪，她自然不明白亲子之间的沟通究竟是何种模样，更不可能明白一个孩子会想要从父母那里收获怎样的认可与鼓励。

所以当我第一次为他们做出一桌饭菜时，当我第一次骑着单车载她出村治病时，当我第一次拿到珍贵的录取通知书却又被父亲撕得粉碎时，母亲都觉得这些事情很正常——她的确会在我提出想法与要求时给予我她所能给的帮助，但并不是太懂得维护和理解我的感情。

父亲则更不必再多说，会让我几次三番地怀疑自己是不是他的亲生孩子，我从他那里得到的拒绝与失望实在是很难再数清楚。

但我还是不得不真诚地说一句，那些沉重的或深或浅的伤害，对于我而言，从来不是抱怨他们甚至恨他们的筹码。

父母于我，有生育之恩，从我出生的那刻起，我与他们便注定是生死相依的一家人，在我的心里，一家人的关系便代表着凭借血脉凝结出的**绝对包容**。而这份面对长辈时包容一切的态度，实际上也源于我母亲对我的影响。

记得爷爷在年至八十高龄时，整个人的精神状况都发生了很大的改变，俗话说"老小老小"，爷爷那时的言行举止便真的开始像个小孩子一样喜怒无常，每天的脸色都阴晴不定。不知道是不是奶奶早早离世的缘故，爷爷比起村里其他的老人，思维逻辑似乎要更混乱许多，总是突然之间就对身边人疑神疑鬼的，无论怎么和他解释、帮他回忆，他都会固执地认为一些臆想出来的事情是正在发生的真相。

那时我们还不太了解什么是老年痴呆症，现在回想起来，失去了奶奶陪伴的爷爷，应该是生病了，而首当其冲领受此间重重为难的，便是在家中照顾爷爷的母亲了。母亲在爷爷这里曾感受到了久违的来自长辈的关爱，但在爷爷性情大变之后，她便无端地开始收到爷爷的许多指责，有时甚至是口不择言的辱骂，这于她而言，无异于一场翻天覆地的态度变化。

祸不单行的是，爷爷在这一时期又发生了一个严重的意外——年迈的他在一次外出中不慎摔倒在路边。这一跤跌得可不轻，竟生生将他的肠胃摔出了问题。躺在床上休养的爷爷总是像孩子一样闹着要吃东西，但母亲顾忌他的伤病，通常会拒绝爷爷无理的饮食要求。次数多了，爷爷便开始赌气闹绝食，母亲又要耐着性子哄他乖乖吃饭。

每每瞧见母亲不厌其烦地在饮食问题上和爷爷周旋时，我也总会插上一两句帮母亲助攻，看着母亲即便迎着爷爷不耐烦的情绪化语言，也总笑呵呵地递食物、递毛巾的时候，我忽然意识到母亲对爷爷的包容并不仅仅是为了曾经的好而"报恩"，而是在一件事无论如何你都必须要做的时候，情绪化地面对终归不如放宽心地笑脸相迎。

中国人讲究一个"孝"字，孝顺父母是子女们人生考场上的必答题，我也不例外。

如果相处时的每一件事我都要去清算一遍是与非、得与失，在这份因血缘而牢不可破的关系面前，我岂不是在折磨父母的同时折磨自己呢？既然无论如何我都注定要为父母尽孝，与其如此计较，还不如我自己将那些不愉快统统过滤，对父母的包容又何尝不是对自己的宽容。

那时候，曾有朋友不止一次地问过我："难道不恨自己的父亲吗？"我心想"谁让这是我的父亲呢"，怨着过是一天，笑着过也是一天，既然我已经凭自己的努力一步步扛过了所有压力，过上了自己心目中的生活，又何苦将自己与父亲还牢牢地浸在过去的痛苦里呢？一开始的我还没有想过"精诚所至，金石为开"，直到那一次母亲再次因病入院。

那时我已经出嫁，还在城里努力地朝着自己规划的方向摸索前行，每次能拿给家里的钱非常有限，家里的弟弟正巧也刚刚考上大学。就在这最需要用钱却也没有更多闲钱的时候，母亲突然被一阵不同寻常的腹痛折腾进了医院。

拍过片子之后，医生告诉父母，这份难耐的疼痛来自肚子里已经有七八斤重的瘤子，只有立刻住院并进行手术，才能遏制住病痛并恢复健康。

但这份并不复杂的治疗方案却难倒了我的父母，当时弟弟上大学的第一笔学费都是我出的，父母手里实在是没有能拿出来住院做治疗的钱。两位满心愁绪的老人只能在县城医院的过道里一躺一坐，沉默地独自捱着身体与心理上的双重折磨。

第一次，父亲没有理所当然地向我要钱，只是在一天一夜之后，两位老人终于在疼痛再一次去而复返的夜里打通了弟弟的电话，将母亲生病却没钱住院的难处如实相告。我一从弟弟那里听说这个消息，便连夜包车赶回了家，和家里的姊妹临时凑出五万块钱，第一时间将母亲送入了住院部，并定下了第二天的手术。

看到我出现在医院时，父亲明显愣住了，片刻的慌乱过后，一脸憔悴的他抿着嘴低下了头，依旧是我熟悉的那副威严模样。

可他即便不开口我也能感受到，他对我第一次有了不好意思，有了亏欠感。

相比沉默的父亲，母亲的表达则更为直接，手术前的时候，母亲拉着我的手哭得不成人样，不断地重复念叨着这么多年亏欠了我太多，仿佛再不说就要来不及一样。而手术成功后，母亲依旧是拉着我止不住地哭："虽然这辈子我生了你，可我是欠你的，这次你捡回我一条命，当年也是你捡回我一条命，这两次，这两次生命都是你将我捡回来的啊……可你自己苦了这么多年，都没过过好日子，没过过好日子……"

他们都没来得及好好爱我，这是我从母亲的哭诉中听出来的遗憾。

父亲在旁边默不作声，只是牢牢地牵着我与母亲的手，眼中泪光闪烁。我恍惚间明白，他没好意思打给我的那通电话，他没好意思向我开口，其实都是在告知我，我为这个家庭付出的所有终于在多年后的此刻，得到了他的认可——只有在他真正认可了我的付出之后，骄傲了一辈子的父亲才会有这般自认理亏的举动。

刹那间，我曾经不计积怨为家庭、为父母做出的所有，都有了真正令人开心的意义：迟钝的母亲，傲慢的父亲，都在我坚持包容一切的爱意里找到了那份迟到的感动与感激，牢牢接住了我的体谅与孝心。

这不就是为人子女的幸福所在吗？成为父母的支柱、父母的依靠、父母心中那个无可替代的亲人——如果我不曾尽力去包容并不完美的父母，坚持不懈地向他们输出我的真情，我又从何收获他们如今的真情流露呢？

第4章 蝴蝶振翅，细涓润物无声

　　大概人真的只有身处绝境的时候才能真切地感知到热烈的真情，对我冰冷了小半辈子的父亲，大概终于被我这一次的付出所震撼。从这次以后，父亲面对我时终于不再是那幅高傲的模样，他开始尝试理解并接受我的选择与决定，不再是永远只会对我说"不"的那个冷漠的他。

　　虽然这样的父女关系迟到了太久太久，久到我凭借自己的力量摸爬滚打到已然独立的时候，才真正收获到这份最最基础的父女相敬。但于我而言，这样的转变已然是我从父亲那里收获的最好的礼物。

4.2 做妻子：交流沟通同频

人这一生，父母是给予我们生命的亲人，但真正能给你一辈子生活的亲人，却只有你的人生伴侣。

在真正步入婚姻生活之前，我原本从未担心过自己能否做一名好妻子——父母在夫妻相处这件事上的打样实在是成功，爷爷在爱情与家庭关系上的见解也一直印在我的脑海里。

"村里那么多家庭的鸡飞狗跳我都见识过了，还有什么会是我没遇见过的麻烦呢？"

事实证明，有些结论的确不能太早下。与丈夫的相识相知，再到相恋相许，的确是水到渠成般的顺利，即便我们曾遭遇过长辈的阻挠，但好在至少我们二人始终同心同力，从未因其他人的一意孤行而改变过自己对这份感情的认可。

可过日子与谈恋爱不同，一个人是否适合谈恋爱你只需要考虑对方善不善，与自己合不合，而真正要在过日子这件事上认真考量时，你对对方的要求便会不自觉地多起来。

我的丈夫虽然的确是令我非常满意的，可美中不足的是，他有一帮总爱叫上他"惹是生非"的兄弟。当初接受他的表白，没有因为这一点就否定他，很大一部分原因是这群兄弟许多时候仿佛电影里的人物，常常是为了义气与其他人产生口舌之争，甚至拳脚相向，但更多时候的的确确是在用这种热血又传统的方式为弱者打抱不平。

他们虽然有些冲动，但人不坏，心不黑。

丈夫被喊上参与其间的时候，虽然绝大多数时刻只是站在旁边看着，但这群冲动的男人们在情绪上头时会做出什么来，终究是不可预估、不受保障的。这种状态如果无法改变，那我与他一定无法安安稳稳地过好属于两个人的小日子——谁能在各式各样的外界冲突里不为自己的爱人担忧呢？

"万一有个三长两短的"这句话，或许是所有人在这样的境况里都会脱口而出的忧虑。

怎么改变丈夫这一点，突然让我犯了难，这样的境遇让我很难从曾经目睹过的那些矛盾里找到参考情况，而绝大多数人会选择的"直接管束"在我眼里也是下下策——任何人都不可能心甘情愿地被另一个人直接用命令性要求管束住。己所不欲，勿施于人，我曾经有多不愿意接受父亲对我的管束，就有多不应该拿这样的管束去要求别人。

思来想去，我忽然意识到，如果让他也切实感受到与我面对这类事情时相似的心情，是不是不用我开口，他就能想我所想呢？

我想成为你

　　在我看来，人与人之间无论什么样的关系都很需要沟通，而伴侣之间对沟通的需求量则更大，对沟通方式的灵活性与多样性也更看重。而有价值的沟通并不仅仅局限于语言上的沟通，在某些时候，与对方同频的行为沟通也尤为重要。

　　在语言管束不甚合适的这件事上，如何通过同频的行为与丈夫交流心情，实现有效沟通，成为一件需要花心思考虑的事情。从小到大，我都是想到什么便会去做什么的行动派，决心用这种方式提醒丈夫的我，随即便制定了"行动计划"——从现在起，他要去的场子我也去，他要见的那群朋友我也见。

　　起初，丈夫将它理解为一种支持，非常开心，但渐渐地，他开始有了别的情绪：为什么这次挺麻烦的你也要来，为什么我都暗示你好好待着了你还要来……

　　于是不知不觉中，他顾及我的安危与生活节奏，越来越游离于这类兄弟义气之事的边界，他的兄弟们毕竟也是义气为先的大老爷们儿，不愿意让容易吃亏的女生跟着他们受了欺负，渐渐也不会再在这类事情中叫上丈夫。

　　不知道是不是在一次次为我担忧的场合里理解了我的心情，丈夫慢慢地也希望自己不用再像个满身江湖气的"愣头青"一样，挥洒那些幼稚的热血，反而越来越热衷于守着我过好安稳日子。其实之前他之所以不抗拒这类事情，在还没认识我的时候是因为无所牵挂，在刚与我恋爱时，是早已习惯这种生活与社交的他还没有意识到这些事情对于一个心有所系的人来说意味着什么。

　　有时候我身边的小姐妹总是会带着羡慕与好奇来问我，为什么我能和自己的丈夫感情一直这么好，我总是会跟她们重复一句话：努力做到与对方同频。

而建立同频沟通的方式，便是学会站在对方的角度考虑问题。如果我当初不是站在丈夫的经历与角度上认真思索了他之所以这么做的原因，我很难能意识到，他不明白、没有亲身理解过的事情与情绪，哪怕我张着嘴念叨再多遍，他也无法明白我究竟在担心什么，又有多在意他的选择与行为。

可一旦我通过行为与他达成同频，打破了我与他情绪之间的那层信息壁，让我的这份心情毫无障碍地传达到他的心底，使他能够与我感同身受，他又怎么会与我做出相同的选择呢？

在此后的相处里，我和他也始终保持着这种沟通默契，在丈夫开始全心全力支持我的事业之后，他也常常主动用自己的方式与我达成同频——了解我的行业，了解我的伙伴，了解我的理想与心情。即便在我们遭遇失败，两个人的生活一时间陷入一筹莫展的困境时，他也没有像我曾遇到过的那些同行者一样轻易对我说出一句"算了吧"。

因为他明白，我的理想有多坚定，他也知道，我需要的是同样坚定的理解与支持。

曾有一次，想起创业以来的种种磨难，我也难得地在回忆里服了软，问他为什么在我执意带着自己的徒弟创业时仍然会选择支持我。丈夫不免觉得我的提问有些孩子气，但也认认真真地说出了令我十分感动的话语：

"因为你在磨难中长大，你比任何人都坚强，可你当时带着的徒弟才20岁，他一旦失败了，对他是非常大的人生打击。

"你不会允许自己给徒弟带来这样的打击,所以你只会成功。"

在那一刻,我真正体会到了丈夫与我在心理与思维上的同步,他的理解与耐心让他可以在创业这条路上与我感同身受,知道我需要什么样的支持,知道应该给予我什么样的情感帮助。这种同步是在日复一日的同频交流中慢慢滋生出来的默契,因为我愿意这样交流,因为他愿意这样交流,于是我们才能愈加了解对方的想法,也更加愿意认可对方的想法。

当你愿意在每一次的交流中都多花点时间与心思理解对方的想法,争取与对方的交流始终同频,那么后续的沟通中你便少去了许多与对方产生不必要争执的麻烦。

这是我在妻子的身份里得到的最大收获,它也同样成为丈夫与我相处时的意愿。而它,也不仅仅成为我在往后的夫妻交流中坚守的准则,而且在我与员工相处时,甚至帮助他人解决家庭成员之间的矛盾时,都同样发挥出了不同寻常的作用。

4.3 做姐姐：妹妹是另一个我

在小时候的日子里，一如所有其他的农村家庭，当家里大人对孩子们顾不过来的时候，长子往往就自然而然地承担起带领弟弟妹妹过日子的任务。我是家里最大的孩子，下面有两个妹妹，妹妹们与我的年龄也没有相差太大，最小的妹妹也只是与我差了四岁，但在个人性情与为人处世上，我却与她们隔了不止四年阅历的差距。

在步入城市社会之前，我总是以一个长辈保护小辈的状态与她们相处，即便当时的我也不过是一个缺少关爱的小孩子，但或许这便是"穷人的孩子早当家"。在我的意识里这句俗语里的"穷"不单单是指经济际遇上的穷苦，还包括情感关爱上的空缺。

虽然我很幸运地拥有一位温柔的母亲，可在每个大人都必须为生计劳苦奔波的家庭里，一位长辈所能给予的关爱十分有限，更何况是能切实抵达孩子身心的关爱，必定又将打个折扣。于是，我便早早摆脱了对长辈的依赖心，默默承担起了身为"长辈"的责任心。

记得在十岁出头的年纪里，我为了让父亲不至于对我坚持上学的举动太过反感，每天下了课都会匆匆赶回家帮家里做些农活。这种坚持倒像是未卜先知似的，以至于后来独自带母亲外出看病的日子里，我也能很好地将家里的农活坚持下来。

每次晚上下到地里干活的时候，我都会带上妹妹们一起。那时候我还不懂得什么是教育，什么是以身作则，只知道我正在做的事情是为家里好，也是为父母好。这是村里人常说的**孝顺**，也是学校里老师们在讲台上强调过很多次的**孝道**，是不论男孩子还是女孩子都应该学会的东西，是身为一个小辈需要为长辈付出的地方。

她们就这样时常跟着我在月夜下做些力所能及的事情，收收庄稼，或者除除草。南方的稻田通常都是没过了小腿的水生环境，而这种潮湿的空间里生活着不少蛇类，夜里阴冷的氛围配合着脚下湿润的触感，还有那股浓重得看不清周遭环境的黑暗氛围，自然十分容易引发每个孩子心中的恐惧感。

因此每次跟着我下地时，两位妹妹都怕得不行。

其实我也会害怕，但有时候心中的念想多了，便也顾不得害怕，不知不觉间自己就会变得勇敢起来。我不愿妹妹们像我一样小小年纪就心事重重，但我也不忍心看着她们被浓重的恐惧所困扰，于是，每一次夜里下地时，我都会特意高声唱着歌在她们前面"开路"。

那些万籁俱静的夜里，打破寂静的歌声总能很好地驱赶恐惧与不适。妹妹们也从我的歌声中慢慢修炼出了自己的勇气，渐渐地不再害

第4章　蝴蝶振翅，细涓润物无声

怕黑暗。

在许多人的童年里，教会自己不怕黑暗的往往都是父母长辈，而在我的家庭里，我的妹妹们却只能从我这里收获那些生存以外的成长。家中那位重男轻女的父亲自不必说，而母亲再温柔，毕竟也没有上过学，没有经历过正常、完整的童年，没有见识过外面的世界，她能给予我们的是最原始最纯澈的爱，却给不了一个独立的生命需要从父母长辈那里收获的一些人生提点。

教会她们勇敢，是我作为长姐给她们带来的第一个影响，也是彼时的我最想让她们获得的力量。因为我知道在这样一个得不到太多重视与认可的环境里，没有勇气会是一件多么可怜的事情，而只有自己不再会因为外界的种种而感受到害怕，才能让自己有勇气坚持心中所有的念想。

我希望我的妹妹们也成为不向命运妥协的人，我要让她们知道，像我一样勇敢地做出自己的选择，是一件值得骄傲的事情。

大概是因为从小建立起的这种信任与依赖，在我离开家乡来到城市进行人生中的第一次创业之后，我的小妹妹也来到了我的身边。十八九岁的年纪，正是小姑娘应该尽情享受青春花季的时刻，但我的妹妹却在我打工经历的影响下，同我一样萌生了做主人生、改变全家人命运的想法。

小妹妹来找到我时，我第一次创业的美发店事业才刚刚起步，她不像我，经历过几年的打工时光后，对自己的性格、脾气已经做出了极其符合服务型行业的改变。原本她在家里时便是我们姊妹中脾气最火爆的一个，面对冷漠的父亲总是能不管不顾地争上一争，来到我的美发店里之后，这一点脾气更是遇上不少可供发挥的机会。

　　印象最深的是在美发店遇上的第一个大年三十，大概是中国人骨子里都有辞旧迎新的念头，美发行业每每到了过年期间便会排上长长的队伍，每个人都想在新的一年以新气象开始全新的生活，我的小店自然也不例外，里里外外都排满了人。

　　一天下午，店里来了一位穿着讲究的妇人，一进店里便无视周围等待的众人点名要我现在帮她修眉。我手里正忙着活儿，见她似乎并不打算排队等待，便无奈地向她赔罪："姐姐，实在不好意思，您也看到了，今天店里实在太忙了，要不您明天再过来，我免费帮您修眉？"

　　原本以为她即便不接受我的提议，也顶多抱怨两句就会离开，谁承想她竟然直接拍着我的桌子指着我开始发脾气，周围的客人都没预料到事情会突然发展成这样，吓得一时间不敢出声。

　　刚开始我还耐着性子多解释了几句，反应过来的众人也尝试着上前劝阻，但见她即便如此也仍旧不依不饶，我便没再多费口舌，招呼大家各自忙好自己的事，顺便关掉了店里的音响，任由这位妇人在店里发泄情绪。一旁的妹妹忍了半天实在憋不住了，便上前想要和这位妇人讲道理，我一把拦下妹妹，示意她乖乖跟着我做好手里的活儿。妹妹虽然满脸的不甘心，但还是咬牙忍下，陪着我手里干着活还听这位妇人骂了整整两个小时。

　　等到那位妇人离开后，店里有几位顾客忍不住过来拉着我的手安慰我。她们是街后那个中学的老师，不仅是我自己，就连我这位大大咧咧的妹妹对她们都怀有很深的尊敬之情。

　　"你能有这样的心态，有这样的格局，未来一定了不得。"

妹妹听到她们对我刚刚的行为做出了这么高的评价，又惊又喜地看着我说不出话。我明白她为何会惊诧，在还没有领会到社会的复杂，没有了解到服务行业的性质时，单纯的妹妹很难理解这个世界上有些事情并不是有理有据就可以无所顾忌的；我也明白她为何会感到喜悦，在她眼里原本显得有些"认怂"的沉默，原来在这种特殊的境遇下反而是一种高格局的选择，她跟着我"糊里糊涂"地做了正确的事情自然会觉得开心。

从这次之后，妹妹在许多事情上便更加积极地向我看齐，面临突发危机的时候，也更懂得如何巧妙地转移矛盾、缓和矛盾，遇到危险的时候也学会了先冷静地分析局势，而不是全凭一腔热血与正义之心和对方"硬刚"。

我用自己全部心气拼下的"是"与"否"，成为妹妹们前进路上的指向标。

我在城市里渐渐站稳脚跟之后，妹妹们也逐渐追随着我的脚步在最初的城市找到了自己的位置。实际上，我从来都没有刻意地教育过妹妹们必须无条件地向我学习，我只是尽己所能地做好自己眼前的每一个选择，让自己尽量不要学而无用、学无所成。

可一旦我因为自己的碰壁而意识到某种行为或某种认知对于人生之路而言尤为重要，我便会下意识地分享给妹妹们，下意识地告诉她们正确的方向在哪里。

在一个家庭里，无论是长兄还是长姐，都会是弟弟妹妹们心目中的榜样，作为长姐而言，我自然也希望妹妹们可以越过碰壁的环节，不必吃我吃过的苦，就直接领悟到最有价值的生存准则。既然我的严以律己已经实打实地为我开辟出了一条成果满满的人生之路，效仿我的选择与言行，自然是收获成功的一条捷径。在这条捷径上，无论是由我主动**引导**，还是由她们主动**模仿**，都像是将妹妹们视做了人生中的另一个我。

  一直到现在，每当她们在生活上遇到了难以解决的麻烦与困惑，都会找到我帮忙解决，而我也始终能不负所望地给出建议，妹妹们每次见我，就像是在照镜子，总是能不偏不倚地发现自己的问题何在。

  如今，我与两位妹妹各自都收获了不平凡的成功，也同样收获了足够美满的家庭，而这种亦步亦趋的亲密状态，也将成为我们往后人生的常态。

4.4　做母亲：女儿将超越我

在真正成为一名母亲之前，我原本以为带孩子或许和我曾经带弟弟妹妹时的感觉相似：在她或他人生的每一个阶段都给予极具价值的参考，像一名人生导师一样为她或他的人生做好详细的规划……大概唯一不一样的地方就是我还需要照顾好她或他的吃穿用度，不再像姐姐身份时那样，仗着家中还有大人操持着最基本的生活问题，就可以不用太过于关注这一点。

可当我真正成为一名母亲之后，我发现，面对女儿时的自己无法一如面对妹妹们时那样，许多我在曾经的人生历程中做过多次"练习"的事情，在女儿面前却怎么样也无法好好地展开。

我认真地反思了一番，这样的出入实际上应该是源于她们不同的生活背景。

妹妹们即便比我小，和我也没有相差太大的年岁，无论是我们成长的时代、环境，还是赖以生存的家庭条件，我与妹妹们所经历过的一切都没有什么分别。可我自己的女儿，无论是哪一方面的成长基准，都与我有着天差地别的模样。

她不用面对传统又落后的生存准则，不用面对冷漠又高傲的亲生父亲，不用面对无法做主的人生轨迹，更不需要在维持生计这件事上为父母分担任何劳苦。我已经用自己的力量为她打造出了一个舒适的生活环境，她可以和任何一个同龄的城里孩子一样享受她应有的童年与教育。

她可以勇敢坚毅，也可以温文尔雅，在人生的起点上，她早已站在了超越同期的我太多太多的位置上。在这一认知下，我逐渐对自己的女儿萌生出了混合着羡慕与庆幸的情愫来：一个平等又自由的成长空间，是我曾苦苦奢望却又求而不得的东西。

现在，她一出生便轻而易举地拥有了它，实在是令人羡慕的人生起点——而所有这一切起点之上的优越条件，都是我和丈夫这么多年的打拼换来的结果，我又如何能不感到庆幸呢？

如果当初我没有一路坚持，如果当初我没有知行合一，我或许就是彼时同村人曾劝我成为的那种满心围着家庭转的农村妇女，我会有一个周围人都觉得门当户对，只有我一个人明白自己与他三观高度不合的丈夫，大概婚后没多久，我与他还会有一个所有熟识的人都第一时间关注性别的孩子。

要是生下的是男孩，就会被所有的亲朋给予厚重的期望；若是女孩，就会被每一个见面的长辈好心教育，"好好跟着大人学做家务"……

第4章 蝴蝶振翅，细涓润物无声

如若当初我连自己的人生都没有改变，我又该如何帮自己生下的女儿改变命运呢？

万幸的是，一切在我还是个10多岁的孩子时，便已然走上了不一样的轨道。

似乎是为了能延续这种幸运，我的女儿生来便比当初的我还要聪明许多。但我并没有因此就限定她的人生轨迹，在我多年来接触到的众多家长顾客身上，我最常遇到的便是将自己的人生遗憾强加在孩子身上的家长。

许多人未曾在自己的年少时期实现当初为自己描绘的理想，便一意孤行地要求自己的孩子必须完成那场在自己脑海中预演过无数次的梦。

如果我与他们别无二致，那我应该会不停地向自己的女儿灌输"考上一所好大学"的人生方向——这毕竟是迄今为止我拥有过的最大的遗憾。因为父亲的固执，因为环境的偏见，我丢失了原本极有可能实现的第一个人生梦想。

然而，我不愿让自己成为这样的父母，也不愿让女儿经受我曾经历过的思想折磨。

考上大学是对于当时的我而言，唯一能改变自己命运，唯一能为自己的人生做主的机会，但它并不一定会是我女儿想要的选择，也更不可能是我女儿唯一能做的选择。我曾受苦于身边的人都试图让我按照他们的习惯与意愿生存，实际上在他们的眼里，他们对我的教育与要求也是出于一份好心，也包含着他们对我的好意。

但那一句"为了你好"，有时候就像是一柄涂着糖浆的匕首，它能让人见血的那份伤害，并不会因为糖浆的包裹而消失，甚至有时会是让伤口更加难以愈合的存在。

我对女儿的教育方针一直以来都是快乐至上，这份快乐一定要是她内心里自发的快乐，而不是我以自己的身份与视角理解到的那种"快乐"。所以，我从来都不会以长辈的身份与她对话，在女儿面前，我始终都是朋友一般的存在。

我不会轻易限制她的想法与行为，在我眼里，只要不违法，不触及最基本的道德底线，她愿意做的所有尝试我都乐于支持她，甚至陪伴她——而她也确实一直都让我很放心，懂事与有担当始终都是她身上最显眼的品质。

女儿在我的开明态度下逐渐成长为一个思维活跃的孩子，并不像其他同龄人一样对学习这件事如临大敌。而我也在相处中发觉女儿并不是一个适合一板一眼地死读书的人，她的性情与思维方式都更适合去做生意，加上她自己对经营上的事情也有着浓厚的兴趣，因此我对她以后会做出的选择有了一个大概的预判，便没有在学习上的事情对她进行过多的约束。

然而，一个孩子的成长环境里并不是只有至亲家长，老师也是尤为重要的一环。

在一次家长会上，班主任因为我女儿平日里对课程学习没有像其他孩子一样表现得尤为紧张，便多次点名对我的教育态度表示忧心。原本我并不是很在意这样的评价，那一句句不认可都是我从小到大听惯的话，我的人生至此已经证明了他人的不认可并不能决定一个人所做选择的好坏，所以与我对立的态度时常难以在我面前搅

第4章　蝴蝶振翅，细涓润物无声

起太大的波澜。

班主任随后的一句话却点燃了我的怒火。

"你们家孩子是太笨了吧！我带过的最笨的孩子就是她了！她以后走上社会还能做什么？"

虽然我知道班主任的话里多少带着点不太理智的情绪，但作为孩子们心中拥有绝对权威的老师，却这么轻易就对孩子做出如此有失偏颇的评价，我实在难以接受。彼时的我在班主任说出那句话之后，便立场坚定地和老师争辩了起来，曾经的我在与周遭作对的时候，没有人能给我绝对有力支撑与依靠，而我的女儿，不用再体会一次这样的孤立无援。

女儿一路成长过来，无论是理解能力、共情能力，还是沟通能力，一直都是同龄人中的佼佼者，她与我朋友一般相互理解的关系状态，更是让她朋友们羡慕不已的亲子模式。而在这样比起同龄人而言宽松许多的家庭环境里，她的自我管理能力不降反升，在十岁出头的年龄时就能对自己的课余时间做出严谨的规划并积极遵守它。

在其他人还在想着赶紧做完作业好去休息游玩时，我的女儿却反而开始拿着自己的笔记本缠着我跟她讲曾经的创业故事，有滋有味地对我的经历评头论足，小大人似的和我讨论曾经的功过得失……

我一直都很笃定，我的女儿一定能在不久的未来超越我，因为在她身上我隐约看到了与我别无二致的自主与独立，而她却比我当初拥有了更多的支持与机会，她有着能够自由成长的土壤，当然有机会绽放出比我更精彩的光芒。

如今，她已经到了曾经的我刚刚来到城市时的年龄，而她的脑海里却已经装满了从专业院校学来的技术与知识。与我当初的"从零开始"相比,接下来的路她注定会走得更加专业且轻松,而我,也会是她超越母亲的人生之路上最大的底气。

第5章
初心不改，善意常怀心间

作为领导，识人善用是最基本的能力与人才培养技巧，而这一技巧的第一步便是"识人"。由于我经营企业的初心在某一方面与绝大多数企业家有着轻微的区别——我希望自己的企业在实现更伟大的理想之前，首先成为一个懂得"爱人"的企业。我要让更多与我一样无依无靠离家打工的农村孩子能在自己坚持的梦想之路上少走弯路、少吃苦。

因此，我需要判断对方是否值得我与企业去爱，让感性的爱能够在企业与员工之间畅行无阻的前提，便是忠于理性的筛选，也就是我们常说的"识人"。此时此刻于我有益的"识人"，相比对员工才能及潜质的挑选，显然更应该优先聚焦一个人的本性与善意，即对方的品德。

5.1 真诚相待，员工尤似家人

从农村一路走来，我接受过一些人的善意，他们许多不经意间的善举，正巧是将濒临绝境的我从悬崖边拉回的重要力量。他们的为人之态，让我深深感受到了真诚待人这一人生态度的价值，不仅仅体现在对自我的约束上，还体现在对他人的影响中。

当初在砖窑厂时，我还是个来自穷乡僻壤的无名小卒，对于见惯了各类打工人的工厂领导而言，我与同伴们都只是生产流水线上一粒寻常的"齿轮"——虽然在生产流程上也算是身负重任，可每一粒齿轮也同时存在着许多基本无差的替代品。

因此，在这样的工厂流水线上，每一个位置上的人都可以随时被替换下来，只要流水线还能保持正常运转，没有人会关注某一工位上的"齿轮"是否还是一开始的那个。这种不值一提的存在感，会让身

第 5 章　初心不改，善意常怀心间

处其位的人感受不到自己的价值，对于有抱负、有理想的人而言，它就像是一种会消磨意志的慢性折磨，让人在自我怀疑中渐渐麻木，甚至放弃奋斗。

在我踏入这家工厂时，我就为自己将面临的境遇做好了心理准备，可这一切却有了出乎意料的发展——当厂里的书记将我的工作内容调整为倒水、擦汗等杂事时，我对领导与员工之间的关系出现了新的认知。

书记对我的照顾并非仅仅因为我看上去十分瘦弱，更多还是因为知道了我求学之路上的波折，发现我是一位有文化、有理想，却又无力摆脱不公命运的人。因而他愿意尊重我的学识，并在他力所能及的范围内给予我最好的照顾。这种我离家时不曾预料到的尊重与温柔，让我切实感受到了一个人在无助之时忽然瞥见一处光亮的救赎感，让我感受到了弱者得到强者的尊重时，心中会充满怎样的力量。

当自己的价值被认可的那一瞬间，我重新对梦想有了笃定的信心，而我没有意识到的是，这也为我往后与自己员工的相处模式打了样。

实际上，工厂的领导也不单单对我一个人网开一面，我们聚集在宿舍外的墙角边搭灶生火，日复一日地煮饭、烧水时，他们也选择了默许。对于领导而言，视若不见或许仅仅只是他的举手之劳，但对于我们来说，其意义不言而喻。正是因为这样的经历，让我萌生了今后也要成为可以对他人伸出援手、真诚相助之人的想法。

于是，在我还未真正开始创办现在的企业时，我的心中便扎根了"爱人"这一词。**爱人，爱的不仅仅是我的亲人与友人，爱的是我所能接触到的每一个人。**而我自己的这份爱人之心，在我自己的员工身上展现得最为淋漓尽致。

不少人会认为领导需要在员工面前树立威严、保持距离，这样才能更好地管理员工，让员工敬畏领导，才能保证企业的制度与规则掷地有声。但我认为，敬畏，不代表严肃，更不代表高高在上、吝啬关爱，比起敬畏，让员工对领导心怀敬爱或许更有利于整个企业的团结。而如何能让员工发自内心地爱领导，首先是身为领导的人给予对方足够的爱。

在这一点上，我始终觉得自己与员工之间的关系更多地像是一家人，确切地说，就像是父母与孩子。一直以来与父亲之间并不完美的亲子关系体验，并不影响我对亲人关系的理解，相反，我对一个人在不同情绪与阶段中想要从亲人那里得到怎样的帮助更加了如指掌。因此，相比威严与距离感，我在他们面前展现更多的是真诚的爱，这也是我在经历了众多苦难之后，对自己往后言行作出的承诺。

要真正拿出能让旁人感同身受的真诚，第一要务便是理解对方。

祺源里的员工，许多都是文化层次并不太高的普通人，他们习惯了被忽视、被小看，习惯面对其他人"无所谓"的态度。可实际上他们中的许多人，内心都因为各种各样的愿望而拥有十分坚毅的力量，但他们自己并未曾察觉过这份力量，也许只需要一个契机，将这份力量释放出来，便能让他们有信心和机会完成对自己的超越。

这让我想到了我自己，曾在一次次的打击与困顿中前行，因为没有办法得到家里人的帮助，孤军奋战的我走了许多弯路。那时我曾不止一次地想过，如果我走的这条路上能再少一点偏见与无助，我的成功或许来得更早。

如今，我眼前的祺源员工就像是一个个初出茅庐的自己，没有人能比我更能共情他们的思想与心情。我能准确把握他们在这一阶段每一时刻的状态，如果我能成为他们在陌生的环境中最值得信任与依赖的长辈，在他们低谷期或者没有安全感的时候，恰当地伸手拉他们一把，或许便能多拉起来一个与我相似的孩子，就此彻底改变他的人生。

抱着这样的心情，我总是很在意员工们是否能在我这里感受到"家"的感觉，员工生日及节假日的各种福利当然不必多说，员工突遇各种困难时，我也会当做自己亲人一样全力相助。

曾经有一次，一位员工在上班期间突发脊椎病，毫无预兆的病痛让她难受到躺在地上无法动弹。得知情况后，我第一时间驾车将她送到医院。我明白独自来这里打工的她肯定是一个人住在狭小的单间里，没有人能在她的日常起居上搭把手，她自己也不会舍得在饮食上多花费金钱为自己养身体。于是，在陪她做完检查并结束了基本的治疗后，为了能让她更快地康复，我将她接到了自己的家中养伤，让家里的阿姨细心地为她制定了有助于养伤的饮食计划，就这样照顾了她100多天。

身为企业领导，或许我在上班期间所给予的关怀与帮助，尚且还会被划分到职责范畴内，可实际上，即便是在每天制度以外的私人时间里，我对他们的关怀也仍然未曾消退过。

我之前在夜里一点多，接到过一个陌生人的电话，刚刚接通便听见那人没好气地大声嚷嚷着"负责""怎么办"一类的词句。原来是我的员工半夜骑电动车迎面遇上了私家车，差点出了车祸。虽然实际上由于二人都反应及时，相互之间并没有发生严重的磕碰，但留下了轻微的擦痕，那人仗着半夜路上没有行人与车辆做证，硬是拦下了不善言辞的员工索要高额赔偿。

那位员工来自农村家庭，既没能力承担对方要求的赔偿，也没有可以在深夜求助的家人与朋友。私家车主大概看出来了他是一位无依无靠的打工人，底气十足地强行要来了领导的电话，这才有了那通将我吵醒的深夜来电。

当我出现在现场时，那位起初即便不停地弯腰认错也一直咬牙不落泪的员工，忽然就湿了眼眶，红着眼向我解释他的无意。这种无助与委屈是我再熟悉不过的情绪，当初我为了能盘下"倩影"跪在父亲面前求助的时候，也像这样极度需要一份信任以帮助我消除不安。

因此，面对私家车主的胡搅蛮缠，我没有选择为了赶紧息事宁人而随意替员工认下无理的指控，而是选择了报警，并且为员工找来了律师，全程由我为员工出钱在法律的范围内解决了这场无厘头的风波。

周围许多人在知道我为员工做到这个地步时都不是很理解。的确，大概很少有领导可以为员工做到这种地步，可我却是打心眼里希望自己可以把更多的爱给予他们。我能走到今天，实在是一个人吃了太多的苦，但我不忍心看到自己的员工也像我一样经历这么多——尤其是在我终于取得成功、拥有庇护他人的力量之后。我愿意坚持自己"爱人"的这份信念，成为能让他们在这座城市依靠的底气。

除此之外，对于每一个员工的家庭，我也会尽力照顾到极致。

我比谁都清楚，在如我一般进城打工的人心里，自己的生活与享受到的福利是否美好，有时候并不是内心最深层次的追求。当年我离家进城打拼时，最大的愿望就是改变全家人的生活状态，他们自然也一样。在他们暂且力量薄弱，不足以凭借自己的力量支撑起这样的愿望时，如果我能帮助他们提前达成一点点，这种满足与幸福显然会让他

第 5 章 初心不改，善意常怀心间

们对自己的选择与打拼更加具有信念感，这无疑是一种莫大的鼓励。

因此，我多次安排企业员工带上自己的父母参加集体旅行，也会在各种与父母老人相关的节日里，以企业的名义为他们家中的老人送上祝福与礼物。这些礼物不会是寻常的、可有可无的小物件，而是真正能像一个晚辈向长辈传达孝心一般的东西，比如定制的千元按摩椅，比如全套的精致营养品……这些礼物的价值或许可以用金钱衡量大小，但其中所蕴含的我之于员工的心意，并不是一组冷冰冰的数字，而是一份将他们视若家人一般的关怀与诚意。

但是，真正因理解而生的真诚，显然不是这类物质上的给予能完整传达出去的。就像我们每个人在面对父母亲人时，也并非仅仅想要物质上的照顾，而是更渴望自己的情绪与思想能被理解、包容与尊重。因而在这一点上，我也始终在尽力付出。

曾经有一次我去一个新开的门店视察，那家门店的选址非常好，因此我们为它制定了更高规格的装潢内饰标准，却也明确了更紧张的准备时间，所有被安排在那边的员工都在双重压力下辛苦了许多天。

许多人作为刚入行没多久的基层员工，其实还没有深入理解过选址对于一家店的重要性与意义，而负责他们的店长在没能准确理解员工心中困惑的情况下，更多时候只是依照计划布置工作，一直对工作的理由缺少更细腻、更符合员工理解能力的沟通。

不是每一个人都生来拥有可以胜任店长的头脑，远见这件事也并非人人与生俱来，因此，抱怨在所难免。但巡店的我没有像他们预料的那样，作为领导继续向他们施压，或者走马观花似的打个照面后讲一些冠冕堂皇的话。我到店的时候已经是下午一两点，在了解到他们为了赶进度一直到现在都还没有吃午饭的时候，我心疼地落下了泪，并马上为他们定了足量的快餐。

当我把他们当做自己的孩子时，在我眼中，他们首先是需要情感关爱的亲人，其次才是从我这里领薪水干活的企业员工。

来到我这里打工的许多人都是孤身进城打拼的孩子，每天面临着对前路的困顿与对现况的不确定，其实每个人都很缺乏安全感。关于上下级关系的传统思维或许是他们初来乍到时唯一牢记在心的倚仗，是他们潜意识里最能给自己带来安全感的东西。但我不愿成为那样的领导，相比让自己的到来成为一种冰冷的约束、规则，让他们意识到自己的想法是被理解、被重视的，才是我身为领导最想要做到的事情。

在他们吃着饭的时候，我站在他们的角度，用他们能理解的方式解释了目前所有工作安排的基本目的，也向他们说明了按期完成工作之后他们自己能亲身享受到的好处，并没有站在自己管理者的角度要求他们无条件遵从我的命令。

我此时此刻的解释起到的已经不仅仅是答疑解惑的作用，更多是在向员工表达我对他们的理解与尊重，表明我十分愿意照顾到每一个基层员工的温饱与情绪。我的言行与态度都是自己最真诚的表达，因为"理解"这件事，唯有真诚以待才能彰显魅力，它是装模作样的关心所不能准确、完整地传达出来的。

11年来，这样传达爱与尊重的事情在我与员工之间还发生过许多次，也的确让我与员工越来越亲近，越来越像真正的一家人。他们在我的关爱下重新拥有自信，并正视自己的位置，正视自己对于这家店、这个企业的意义，真正明白了我首先想要的是他们为自己做成什么，而不是为我实现什么。

　　大多数人都有感恩之心，接收到了爱，自然便会更愿意付出爱，这是我最希望自己能为他们带来的影响，也是我认为一家企业上上下下的所有员工最该拥有和保持的状态。发展到现在，不仅仅是员工以在我这里工作为豪，他们的家人也将在这里工作视作一件值得骄傲的事情，十分放心地将自己的孩子交到祺源工作，并积极地向身边的亲朋好友推荐这份工作。

　　当他们发自内心地主动想要贡献力量让祺源越走越好时，所有的爱便成为帮助大家共同前行的动力，对于一家企业而言，这也是最好的"双向奔赴"。

5.2 以身作则，品德排在第一

所谓千人千面，即便我知道大多数员工都拥有与我相似的背景，但没有人可以保证相同环境下就一定能成长为相同本性的人。

我不计父亲的冷漠也始终坚持的家庭梦想，还有经营企业过程中秉持的"爱人"信条，在很多人的眼中，它们都让我看上去更像是一个过于感性的理想化人士。事实上，在与人相处这件事上如果太过于感性，的确会让人很容易成为吃亏甚至受骗的一方。

可在识人这件事上，我一直以来都没有放松过该有的警惕。

作为领导，识人善用是最基本的能力与人才培养技巧，而这一技巧的第一步便是"识人"。由于我经营企业的初心在某一方面与绝大多数企业家有着轻微的区别——我希望自己的企业在实现更伟大的理想之前，首先成为一个懂得"爱人"的企业。我要让更多与我一样无依无

第5章　初心不改，善意常怀心间

靠离家打工的农村孩子能在自己坚持的梦想之路上少走弯路、少吃苦。

因此，我需要判断对方是否值得我与企业去爱，让感性的爱能够在企业与员工之间畅行无阻的前提，便是忠于理性的筛选，也就是我们常说的"识人"。此时此刻于我有益的"识人"，相比对员工才能及潜质的挑选，显然更应该优先聚焦一个人的本性与善意，即对方的品德。

事实上，无论是选择我的丈夫，还是选择我的员工，我始终都秉持着将对方的**品德**放在第一位，让理性的考验为往后的感性付出把关的"识人"准则。

记得在我第一次创业还刚刚起步之时，面对众多好友针对我另一半人选积极推荐的攻势，虽然我一如既往地一一回绝了大家的盛情，但他们的行为也的确让我不禁开始思考终身大事的问题。尤其是当时孤身奋战的自己正被创业与还债的双重压力折磨得有些心力交瘁，心中难免也会想寻个依靠。

那时"倩影"美发店在我的经营下已经小有名气，随着越来越多的人关注并认可我的技术，街对面一家小饭馆的老板也注意到了我——而这位老板，也正是我如今的丈夫。

在他频繁来店里找我闲聊的举动中，我看出了他在小心翼翼地拉近与我的关系，这份保持着礼节与一点点羞涩的试探也的确让我对他萌生了些许好感，但我并没有因此便草率地与他展开进一步的接触。在察觉到了他的想法之后，经过深思熟虑，我决定先对他进行三关考察，而这三关的考察，都脱胎于我自己行事的品性与坚守的观念。从某种意义而言，我的考察不仅仅是我对他的品德要求，更是以我为模板寻找性格三观一致之人。

这第一关便是考察他的家庭关系与成长氛围。

我认为，即便一个人的成长充满了未知性，但他的家庭成长环境，大多数情况下还是能够反映出他会是一个什么样的人。所谓言传身教，一个人的学识与智慧可以是沟通与交往中无足轻重的东西，可品性与爱人的能力，却是需要长久相处的一段关系中最最基本的门槛。

我能在重男轻女的大环境里学会如何爱人，并且重视如何爱人，很大程度上也是爷爷奶奶与父母二人的相处模式起到了极好的表率作用。在我自己的家庭成员相处模式中，从不吵架的父母让我知道了当分歧与矛盾出现时，争吵并不是解决问题的方式，我也从爷爷奶奶对待母亲的态度里明白，我们不该以一个人的出身决定自己对他的态度……

和谐友爱的家庭氛围，无疑有更高的概率孕育出拥有正面、积极性情的晚辈，他们也会更容易理解该怎样正确经营自己与他人的关系，以自我为中心的概率会大大减少。这对于一位需要相伴一生的爱人来说几乎是必不可少的"硬性要求"，而对于一个主要团队精诚合作才能稳步前进的企业而言，更是尤为重要的一点。

因此，无论是当初面对我的丈夫，还是后来面对我的企业员工，我都对了解对象的亲朋好友进行了一定程度的打听与观察，通过对方的交际圈，认真了解他们的生活环境与家庭氛围。要对自己企业的员工进行这项工作，无疑需要花费较大的时间与精力，但这些麻烦在我眼里是祺源前进的助推力。一栋楼想要盖得又高又稳，它必须拥有足够扎实的地基，你越愿意在地基的建设上花时间，后续盖楼时的顾虑与麻烦就会越少，最终成品楼的使用期限也会更长。

与此同时，对于一个企业而言，生活在和谐家庭中的员工，在工作精力的分配与专注度上也拥有很大的优势。一个人如果总是需要分神于家庭中的琐碎矛盾，他在工作上自然也很难做到全情投入。从企业稳定发展的角度来看，这也成为我必须关注企业员工家庭氛围的理由之一。

而第二关的考察指标——孝顺，在我眼中更是一个不可敷衍的必要指标。

正所谓百善孝为先，孝是所有良善品德的基石与根本，它应该是任何一个思想成熟之人的本能，一个人如果在成年之后连孝顺辛苦养育自己的父母都难以做到，与他没有血亲关系的人又如何能从他身上得到关怀与用心。

我自认为是一个十分讲究孝心的人，而这种对孝心的坚守也让我学会了许多额外的东西。童年艰苦如我，不仅没有对自己的父亲心怀怨恨，并且一直将改变全家人的生活这一目标视为己任，这让我学会了如何专注目标、屏蔽负面情绪，也让我明白了必要的释然可以加快自己的成长与实现梦想的脚步。

其实在我做出这样的选择时，并没有人教导我应该如何做，也没有人告诉我走这条路将会通向成功。

没想到，这份源自对"孝顺"的"忠心"，让我清晰地明白，坚守一颗孝顺的心的确会是一个人通往成功的"康庄大道"。因为当我在看重自己"孝"的责任时，我便没有额外花时间在抱怨命运的不公与愤慨父亲的偏见上，我会更注重表达自己的感恩，更懂得感恩之情于人类沟通、交往的必要性，而这份感恩的情绪，也始终在帮助我专注于自己身上的责任感。

其实，关于孝顺这一点，大家在寻找人生伴侣的时候或许不会忘，但它却是最容易被企业领导所忽略的员工品德。

的确，乍看之下，一个人是否孝顺对于企业又有什么决定性的帮助与影响呢？难道一个企业的员工不是能力够用就值得培养吗？

实际上，员工孝顺与否，不仅与其个人价值观挂钩，对于一个企业长远发展的质量还有着尤为深远的影响。

企业需要懂得感恩的人才，服务型企业更需要，像祺源这样在一个个如白纸一般的员工身上花费财力物力培养技术的企业，员工的感恩之心更是重中之重。但在正式成为携手共进的伙伴之前，一个人是否懂得感恩是很难提前预判的。我们都承认一点，孝顺的人往往都是懂得感恩的人，这时，员工的孝顺之心自然便成为一个非常值得企业参考的重要指标。

因此，我经常会对我的团队说："美容这件事，你原本会不会、熟不熟练，都没有关系，祺源最关注你的第一个重点是你是否孝顺。"我始终觉得，一个人如果连孝顺父母都难以做到，那么他也不可能成事。但孝顺自己的父母还不够，对于已婚的员工，我还会考察他是否懂得孝顺另一半的父母，这在我看来也是衡量一个人人品的标准之一。一个人如果只知道孝顺自己的父母，却始终将自己爱人的父母视作外人，他无疑是有些自私的，那么企业在他眼中自然永远不可能成为他的另一个"家庭"，在他这里收获一份感恩便更是"天方夜谭"。

这第三关的考察，便是观察其是否善良，是否懂得尊重弱者。

对于我自己而言，尊重弱者几乎是我与生俱来的习惯，这或许源于我自己从出生起就是传统环境下的弱者。所以，即便我已经逐渐强大，但我仍然能轻松与弱者共情，同时更懂得尊重弱者的必要性。

这一关的考察在面对我如今的丈夫时，发生过一件在我意料之外，却也令我非常感动的小事。

那时我与丈夫还没有开始进一步的交流，我们的关系停留在他无意中的亲近向我传达了他的倾慕之心，但两人之间还没到戳破窗户纸的阶段。一次中午，我去他的小饭馆吃午饭，饭馆门口有一个正在乞讨的乞丐，我心生怜悯便想要拿些零钱给这位乞丐，却在掏出零钱的瞬间临时多了一个想法。

于是，那点零钱没有安安稳稳地落在乞丐朝我伸出的小碗里，而是被我用力地甩在了乞丐的脚边。

"你做什么！？"

我丢出去的零钱还没在地上落稳，耳边就响起了一个震惊又气愤的声音。只见丈夫皱着眉看了我一眼，弯腰捡起了零钱轻轻放在了乞丐的手上，宽慰了对方一两句后，又转头认真地和我说："你不应该这么做，这样太不尊重人了。"

那时他还处于追求我的阶段，却仍然能为一个弱者斥责我不礼貌的行为，几乎就是在这一瞬间，我便认定了面前这个男人会是值得我交付一生、信任一生的人。

一个人，对强者或者同一圈层内的人保持善良很简单，但如果要在骨子里尊重弱者，在面对弱者时也能给予对方自己的善意，便不是那么容易的事情。而当一个人连面对弱者时都能保持真诚与友善，他的品性便自然再没什么可质疑的了。

　　对于企业而言，至少在我经营的祺源里，这种尊重弱者的善良更是必不可少的员工特质。

　　懂得尊重弱者的人，更有利于企业员工的团结。每个人的能力都参差不齐，不是所有人在只身奋斗的路上都能得到天赋的帮忙，更多的人是在用中等能力的速度追赶优秀员工的速度，还有许多落后于大部队但也咬牙坚持的人。这个时候，这些在工作能力与业绩上稍显优异的员工，实际上便自动背负了带动后进的员工的责任。

　　此时此刻，这些人如果没有一颗尊重弱者的善良之心，便很容易陷入仅仅一心关注自己进步的狭隘之局中，而对团队、企业的进步与利益视而不见，甚至对"拖后腿"的人产生嘲讽、排挤的心情，并付诸行动。若有一天，原本弱于自己的人获得到了显著的进步与成长，他甚至丝毫不会有为团队乃至公司开心的情绪，反而产生更严重的负面情绪，并且被情绪影响行为，最终让整个企业团队陷入勾心斗角的混乱之中。

　　我曾经在第三个打工阶段经历过勾心斗角的工作团队，那个电子开关厂中许多工人都是军属，我原本以为因为这个明显的群体特征，这里会有很单纯的工作环境，没想到最后却发现一些人的工作与生活间充斥着嫉妒、推诿与排挤。

　　那时的我作为新到工厂的员工，一直盼望着能有老员工来帮助我尽快融入集体，尽早适应工作，却没想到他们对新员工的态度十分冷淡，甚至因为我总是做足了工时才下班，不像他们会早退，而几次三番地抱怨我的存在。而最让我记忆犹新的，便是他们总会将自己的工作推给我来做，美其名曰"让新人多锻炼锻炼"，实际上只是瞧不起我非军属的普通出身，试图以此"嘲笑"我"不自量力"的加入。

在这样的团队，肉眼可见的混乱与疏散，既不团结友爱，也不积极向上，我深切地感受到这样的团队对于企业发展的负面影响，因此才尤为注重企业员工是否对弱者抱有尊重与善意。

这三关考核，让我收获了一位称心如意、举案齐眉的丈夫，也让我逐渐拥有了一个足够团结、积极且稳定的团队。不难看出，相比员工的初始能力与自我潜能，我更重视自己员工的品德，而这些针对品德的标准，也并不会在我这里出现"严以待人，宽以待己"的情况。

在对员工有要求之前，我首先对自己有许多诸如此类的要求。创业这一路走来，我也始终坚持着自己的这份初心，这才保证自己能够在所有企业员工面前守住"以身作则"的底线。所有新员工在加入企业之时，都会接受企业文化培训，而企业文化培训当中便有"老板文化"这一板块。在这一板块中，我会详细和她们讲述我是如何一步一步走到如今的老板位置上。每当这时，我都万分庆幸自己这一路走来从未忘记过初心，从未因利益的驱使而被迷惑着做出过品德败坏，甚至仅仅是品德欠佳的事情。

顺着这样的思路，在许多小事上，我也会选择通过亲身示范、以身作则来代替枯燥的说教。譬如在当初祺源的第一份会议考勤制度出炉之时，大家一开始并没有对会议迟到这件事太过重视，甚至面对制度中的迟到罚款一事显得不以为意，每次会议集结时仍然是懒懒散散的到场。

我见不惯这种松散的状态，又觉得现有的制度似乎并没有为员工敲响警钟，于是思索一番后，我在某次下午的会议上故意迟到了10分钟，并第一时间当着大家的面上交了制度中规定罚款的五倍。

　　不得不说，身为领导而以身作则的效果几乎立竿见影，自此之后，祺源的会议几乎再也没有人迟到过。同样的，那套筛选员工的考核标准也因为我身上一件又一件"以身作则"的事情，不再有人质疑它的价值与意义，反而成为所有人认可与接受的准则。

5.3　心存善意，倾囊回报社会

"我选择回报社会的动力其实很简单，就是我认为做好事永远比做坏事强，一个人真心实意地做好事，是一定会得到福报的。"

当一位记者在救助河南水灾的物资捐献现场询问我为什么会对非亲非故的社会群众倾囊相助时，我给出了这样的答案。一如我对企业员工初筛选时的坚持，对社会表达我的善意与感恩，也是我身为祺源领导"以身作则"的一部分。

企业承担社会责任做慈善并不算新鲜事，甚至每次突发天灾时都会有一些群众自发地"监督"企业的捐款捐物行为，用"捐没捐""捐多少"去衡量一个企业是否值得自己关注与支持。

群众的出发点的确是善意的，这无可厚非，但这样的衡量方式与标准是否妥当、准确，却一直都在许多人的争论之中。在我眼里，那些闪光灯下的善举当然十分珍贵,可脱离了舆论场合下的光环之后,在大家目不能及的地方还能保持满心善意,更是十分值得尊敬的行为。所谓勿以善小而不为,我始终觉得,刻入内心深处的小善,有时候更能体现出一个人对世界的善意。

其实在平时生活中的小细节里,我也习惯将自己的善意展现给陌生人。比如我开车从不与车挤,更不爱与行人争抢时间。现在的交通规则中有规定,若车辆在斑马线前没有礼让行人便算违规,然而在这条新规出来之前,我就早已经习惯了做一名礼让行人的司机。

记得有一次在马路上,一位与我年龄相仿的男同志推着载有80多岁老人的轮椅想要过马路。因为是工作日的车流高峰期,来来往往的车辆见他在马路边犹豫,便陆续都抢着时间开了过去,这样毫不见缓的来往车速让这位男同志更无法轻易上前。我远远地就看到了他,便早早放缓了车速,停在了斑马线前,他见我停下来似乎有些受宠若惊,连忙指着前面的路示意让我先走,我也在座位上示意他先过去。

我明白他怕麻烦其他车辆的顾虑,于是僵持了一小会儿后,我干脆下车陪着他推起了轮椅。

在他的连声感谢中,我没有觉得自己被耽误了时间或摊上了一个小麻烦,反而发自内心地感受到帮助别人所获得的快乐,那种真诚的快乐与其他事情带来的愉悦是不一样的,是能够让人切实感受到自己在庞杂社会中的分量的充实感。

我期望在这件事上,我依然能够在员工面前起到"以身作则"的作用,让他们也感受到这种与众不同的快乐。于是,祺源走上正轨后,我带领着整个团队一次又一次地在各种需要帮助的社会事件中贡献力量。

第5章　初心不改，善意常怀心间

与我的员工一离开家乡便能来到祺源这样稳定又颇具大家庭气息的企业打工不同，我刚刚离开家乡的那几年，经历过各种各样的不稳定与艰难挑战。有许多的苦，即便有家人的陪伴也十分难熬——譬如我第二次创业失败之时，与丈夫二人无房可住的困苦时刻。

而我之所以每一次深陷苦境还能重获力量，很多时候便是因为有身边的陌生人出手相助，他们给予我那些帮助时也没有在意过与我的亲疏远近，甚至有的人可能仅仅是无心之举，可于我而言的意义却非比寻常。

现在的我，已经在自己的努力下成功地改善了自己与家人的生活，我的事业已经在团队的进步中越做越大，我已经拥有了更大的视野去创造更多的财富，那么我自然也有更多的能力与责任去回报社会，像曾经帮助过我的那些人一样帮助更多的人。

一如我一直以来跟身边好友及员工反复感叹的那样，"能够自己在社会上做出举足轻重的贡献"，这是我对未来事业最大的梦想与动力。

PART 3

我与我们

PART 5

我已衰们

第6章
不断试错，跑上正确赛道

许多企业虽然也需求能吃苦耐劳的员工，但他们潜意识里往往会更害怕招不到、留不住新人。很多时候，企业在查看简历与面试阶段，会反复确认前来应聘的新人是否能吃苦，真正到了对方需要了解企业工作性质的环节，企业却又会下意识地对工作强度及难度遮遮掩掩。

是否吃苦耐劳这一点，并不是试卷上简简单单的判断题，它是一个没有标准答案的论述题，不同的答题人对这一点会有不同的理解，不同的阅卷人对于自己看到的答案也会有不同的认可标准。一个人自认为足够吃苦耐劳，但在比他更加严格要求自己的人看来，他的吃苦耐劳或许便不值一提。

6.1　从零探索，第一次带徒弟

当一个企业将最基本的基础打好之后，它虽然暂时的确已经拥有了生命，但能否存活，又能存活多久，一切都是未知。积极的存活状态，是一个生命可以拥有源源不断的活力。祺源刚刚成立时，我虽然对它往后的成长抱有足够的信心，但始终还是觉得，它还缺少一个可以帮助它不断向上的动力与冲劲。这一股能推动企业不断发展、革新的动力与冲劲，便是需要依赖企业用人机制催生的。

然而，在用人方面，我一开始并没有任何经验，也从未接受过任何指点，全凭自己一点一点地从实践与对自我经历的归纳中得到成长，而几乎所有初期的实践经验，都源自我最初对姜总的培养。

第一次认识小姜的时候，我还在那家大型连锁企业任职，彼时我被任命管理企业在山东的整个市场，那里一共有九家门店，但因为各

第 6 章　不断试错，跑上正确赛道

种原因，始终没有足够亮眼的成绩，一个月只能做出十几万的业绩。我来到这里最重要的任务，就是帮助山东市场的九家店改善业绩。

在这家连锁企业一路走来，我陆陆续续帮助品牌接手整改了不少经营不善的店面，但我一直都坚持尽量留下原来的员工，一方面是认为每一个为生计奔波的人都不容易，另一方面是拥有足够的信心面临自己接触到的所有挑战——有信心能让每一家经营出现问题的门店在倒下的地方爬起来。

各项工作的交接是一个细致活，当我交接到位于淄博的第九家门店时，离我来到山东任职已经过去快一个月的时间了。虽然已经忘记了具体的年份，但我仍清晰地记得那一天是大年初五，我进店后正遇见一个人在办离职。这种情况在我来到山东之后已经见到过许多次，我像往常一样上前了解情况，在离职谈话中我知道，他是店里的足疗师，已经在这里工作了三年半。三年半，听起来似乎并不算很长的时间，但对于美容这个员工更替频繁的行业来说，他已经是一位忠诚度较高的员工了。

我试探着地问他："小伙子，你真的不想干了吗？"

小姜摇了摇头，表示不想干了，我试探着问他再多做一个月行不行，他疑惑地问："为什么？这是什么意思？"

或许在他的心里，这家店这么久都没有什么亮眼的效益，甚至看不到多少起色，因此不值得再投入坚持了。于是我告诉他，我来到山东接手店面的初衷与想法，并且用现实成绩向他展示了我的能力——在当时，我来到山东不到20天的时间，就已经将山东店面十多万的业绩翻到了100万以上。经过我的调整后，山东市场上的店面已经能完成一

个月连做将近300万业绩的奇迹,而每家店的店员数量也在我的感召下翻了几乎两倍,真正体现出了"筑巢引凤"的现实效果。

说完这些,我问他,既然已经坚持了这么久,在店面业绩并不理想的情况下都没有离开这里,而现在我能带来的这种改变就在眼前,实际的效果有目共睹,为什么不再留下来看一看自己的机遇呢?

见他的表情虽然有变化,但似乎还是没有下定决心,我疑惑地问:"我想知道,你想离开的原因是什么呢?"

"我想做领导,我不想做员工。"

他的回答完全出乎我的意料,这一个月以来我面对过许多试图离开的人,但他们几乎都不过是因为店面效益不行,看不到太乐观的未来,所以想要找一份收入更好更稳定的工作。只有面前这个年轻人,他想要的不仅仅是一个工作、一份收入,他是想要有所作为,想要自己的价值可以有机会得到进一步的提升与展现。

我感动于他对自己的长远规划,惊讶于这么明确与强烈的个人意愿,一个特别的想法忽然出现在我的脑海里,我认真地问他:"好,那如果我让你再多干一个月,你就有可能坐上领导的位置,你愿意留下来吗?"

听到我这么说后,小姜几乎没有任何犹豫就答应了,我和他解释说,让他多待这一个月是为了看看他是否有做管理人员的潜质,我才刚刚接手这家店,对他的能力并不了解,我需要根据他的表现判断他究竟是否能够胜任管理岗位。

约定好之后,我马上给他设定了一个目标:我给他足够的岗位自由,他可以靠自己的想法与能力做所有合乎店规的事情,但要想向我

第6章 不断试错，跑上正确赛道

证明自己的能力，就必须在20天的时间里做到八万元的业绩。在当时，整家店铺20天的业绩目标也就15万元，这个目标相当于让小姜一个人完成其他所有人的业绩之和，对任何人而言都是一个不小的挑战。

然而再次让我感受到惊喜的是，小姜不仅在我面前应下目标时应得果决，最终在目标的实现上也毫不含糊——他仅仅花了一周的时间便将个人业绩做到了八万。

不得不说，这家店面拥有如此有能力又肯实干的员工，却仍然将自己经营得问题频出，实在是令我诧异又惋惜。仔细了解后我才知道，原来的店长并没有认真了解过店内的每一位员工，只是按照"一个萝卜一个坑"的要求将大家都安排在一个位置上，也没有筛选过有晋升空间的员工，没有向有能力的员工释放过升职信号。

这样毫无规划的用人方式，自然无法为员工个人提供足够的能力发挥空间，更无法为美容店带来有意义、有价值的效益加成。长此以往，许多员工在这里既没有办法成全一家美容店的价值，也难以实现自己的价值，不仅会对自己的企业灰心，更会对自己灰心，连日常工作都很难继续投入，这又如何能与团队齐心协力将一家门店继续往好的方向经营呢？

我也因此更加深刻地意识到，**一位管理者，自己的能力是否足够厉害并不是决定一家店面生死的根本，相比个人能力，管理者更需要明白并懂得如何识别人才，如何妥善运用人才，如何刺激人才的进步。**只有先判断出自己手下的每个人拥有怎样的长处，才能最大限度地发挥好每个人的能力，才能真正懂得自己应该如何安排、搭配每一个人。

在小姜提前完成目标之后，我对他的能力已经有了一个大致的判断。但如此优秀的个人能力实际上也并不能代表他一定可以胜任领导的位置，一个领导型人才所需要的能力，显然不仅仅是"能做业绩""肯吃苦"，还需要足够强的学习能力与理解能力，更需要在人品、心性上接受全方位的考验。

早在我准备留下他的时候，就提前向负责这一片的领导打听过小姜以前的表现，但大家对他的评价也仅仅局限在工作能力上，因此我只能自己花时间近距离考察他的人品与学习能力。为了更立体地挖掘小姜的能力，我嘱咐小姜接下来的时间里紧紧跟着我："我到哪里，你就到哪里，我和别人说的话你都要认真听，无论我是开会、做员工培训，还是参与销售，无论我去哪一家门店，你都要在旁听过后对我的工作和你的感悟做出总结。"

小姜就这样跟在我身边学了将近一个月的时间。在这一个月里，他不仅一直能快速消化所有工作与信息，还常常能举一反三给出更多的思考与建议。在面对同事时，他也十分有主人翁意识，不仅经常帮助他人，还时常观察、总结同事的状态变化与能力优劣。

实际上，能做到这些的员工，通常来说便已经具备了最基本的成为领导的潜质，但小姜身上还有一处更为难得的闪光点，那便是一颗淳朴谦逊的心，这份淳朴与谦逊的态度让他在面对自己的弱点与错误时，会更容易产生强烈的需要好好改正的责任感与信念感。

这个世上毕竟没有十全十美的人，犯错在职场十分常见，但打心眼里"知错""认错"，却并不是谁都可以做到的。"不知错"对于普通员工来说，或许并不是什么特别致命的弱点，毕竟当一个人处于普通员工的位置时，原本便接受了需要受人管理、面对批评的前提，因而

第6章 不断试错,跑上正确赛道

犯错后的"知错""认错"并不会是一个不易推进的过程。

但对于一位领导而言,"不知错"将很有可能成为他往后自负、傲慢的"温床"。当一个人站在领导的位置上之后,却总是对自己的弱点与错处"视而不见"甚至"不以为意"时,那么他在团队当中的表率作用自然会大打折扣,严重者甚至将带歪整个团队的方向与节奏。

在这一点上,小姜却表现出了谦虚与责任心。刚开始跟着我时,他时常会犯些小错,由于之前三年半的工作经历里从来没有接触过自己技能业务以外的工作内容,有个别事情难免会再三出现纰漏。当问题反复出现时,面对我的严厉批评,他有几次甚至会落下眼泪来。

"一个大男人都能因愧疚而流泪了,他一定不会有坏心。"在与丈夫聊到小姜时,我不由得作出这样的感叹,丈夫也对此表示认可。

一个月后,我将他提拔为店长,安排接管另一家店面,第一个月便拿出了28万元的好成绩。

其实,在安排小姜接管店面做店长的时候,周围许多人都发出了不小的质疑,甚至连我的上司也明确表达了反对。在她们看来,这个行业几乎就没有让男性员工当店长的先例,别的不说,至少所有出成绩的店面基本都是女店长。

的确,美容行业相比其他行业稍显特殊,不仅基本以女性顾客为主,在美容项目上也大多会涉及女性的隐私。一位男店长,与女性顾客之间不可避免地会有一层"男女授受不亲"的隔阂,而在共情能力上,大多数人也自然而然地认为会与女店长存在差距。

面对众人的质疑,我果断地选择了坚持自己的判断,仍然将小姜晋升为新的店长。在我看来,一个人只要确实有能力,他的晋升空间不应该被任何其他的因素"一票否决",性别对自身职业、岗位的影响,应该是每一个人自己需要克服的成长难题,而不应该是旁人评价其能力与价值的"红线"。

也就是说,只要你能通过自己的努力填补上性别为你的事业带来的与他人的客观差距,那么你就可以胜任你为自己作出的选择。而我们,不应该单凭一些刻板印象,就枉顾每一个人实际作出的努力。

这一理念即便脱离性别差异也同样适用。或许是我个人经历为我留下的感悟,我始终认为,一个人的学历、家境,都不应该是管理者"一票否决"这个人的黄金准则。然而,我也明白,排除这些因素认真考察每一个人的实际能力与品性,的确是一个繁重的工作,我理解许多人为了加快人才筛选速度、减少人才运用风险而做出的选择,但我自己不愿成为这样冷面的管理者。

我的坚持与用心也带给小姜更大的激励,进一步提升了他的自信力,同时也成为落在他身上的更为严格的鞭策。接下来的店长工作里,小姜表现优异,并没有因为自己男性店长的身份在业绩上"吃亏",反而获得了不少顾客的信任与好评。

后来,由于山东离我自己的家实在太远,山东这边的店面也都已经在我的努力下步入正轨,完成任务的我又被调回了南京。当我向小姜告知这一安排时,小姜又毅然决然地选择了和我一起离开。

"是您把我带出来的,也是您的支持让我在这一行越做越自信,只要您需要我,我肯定是希望能够成为您的'左膀右臂'。"

小姜的信任带给了我莫大的感动与自信,在事业上我的确取得过大大小小许多次成功,但"身经百战"的我还一直没有尝试过像带小

第6章　不断试错，跑上正确赛道

姜一般，从零发掘并认真培养一位具有领导潜能的员工。尤其是像这次，将一位已经对自己的岗位、甚至对企业失去信心的潜力股留住，并最终帮助他成长为自己想成为的人，也同时成为对我抱有高度信任的"左膀右臂"的经历。

在决定带着小姜一起回到南京工作之后，我第一时间开始反思、梳理并总结自己的"育人""用人"经验。

6.2 人才盘点，为每一个人负责

如果说，我最初总结出来的"三关识人"，是在为打造一个能够齐心协力的团队做初步的人员筛选，那么经过小姜这次人才培育初尝试之后，我便进一步掌握了如何盘点人才、妥善用人的人才匹配技巧。

我从小姜的身上归纳、总结出了一个"潜力股"必须具备的三种特质，以前我摸索出的"三关"筛人不过是大海捞针一般的"大漏勺"，而到了人才匹配这样精细的环节，显然需要更细密的"漏网"才能筛选出能作为人才培养的员工，并对这一部分人才进行二次筛选与分类。简单来说便是，祺源在招聘员工的时候，虽然不会在一开始就将门槛拉得太高，但对于企业内部真正的一线员工，即视作人才进行进一步培育并重点使用的员工，我们仍然制定了较高的要求。

而一线员工需要具备的**第一条特质，便是一个人的意愿度。**

第6章 不断试错，跑上正确赛道

他想不想进入这个行业，想不想在祺源这样一个团队中寻找或实现自己的价值，想不想为一个结果、一个目标，而不怕困难险阻，愿意贡献自己最大程度的努力。

实际上，这一点要求看上去并不算难，祺源的新员工绝大多数都是从农村出来，刚刚在城市落脚的"小白"，家庭条件都比较困难，大家都希望能靠自己的闯荡，让自己或者全家人过上更舒适的日子，因此几乎每个这种出身的人，在最开始都会抱着强烈的意愿度。

可是，这种意愿度的初衷究竟是什么样子，却不一定相同。

对这一点，我初次进城打工时便早有体会，当年我们一起坐在大巴车上幻想进城后的打工生活时，无一例外都以为即将开始的新工作是轻松又惬意的，而当现实中的砖窑厂将沉重的担子压到我们身上之后，我们却几乎全军覆没——除了我，其他的人都不堪辛劳离开了工厂，甚至多数人都回到了村里。

虽然大家改变命运改变生活的意愿都很强烈，可有人的初衷是认为进了城一切都会"理所当然"，将进城看作"享福"的开始。但显然，只有初衷的的确确是为了想要达成某个目标，不畏吃苦的人，才是祺源真正需要的人，也只有这种初衷之下的意愿，才是真正值得祺源尊敬、打磨的意愿。

然而，所谓人心隔肚皮，我们很难通过简单的问答准确判断一个人说出来的"初心"是否是真心话，但我们却可以通过他的人生态度判断他的初衷是否与祺源是相匹配的。

因此，祺源在新员工入职培训的第一堂课上，便会将行业相关的最新资料都摆在他们面前，让他们直观地意识到，自己如果要踏入这一行，将要直面一种什么程度的学习压力。我们也会诚实地告知大家，美容行业有多么辛苦，并不会为了"留住人"等其他因素而模糊一个人选择这一行业所需要付出的精力。在明明白白地了解了一切困难之后，还决定自己一定要加入祺源，成为骨干，甚至成为领导的人，才会获得祺源给出的机会。

在这一点上，其实并不是所有的企业都可以做到。

许多企业在招人时虽然也关注员工的意愿度，但他们潜意识里往往会更害怕招不到、留不住新人。很多时候，企业在查看简历与面试阶段，会反复确认前来应聘的新人是否能吃苦，真正到了对方需要了解企业工作性质的环节，企业却又会下意识地对工作强度及难度遮遮掩掩，甚至虚假地承诺一些让人心动却不一定能实现的好条件。

在隐瞒与遮掩下测试来的"意愿度"，自然也不会是真实符合企业心意的意愿度。那些不愿，或者不敢在一开始就向新人们亮明行业难题的企业，这种不顾实际情况的敷衍行为，在我看来是剥夺了新人自我审视自己意愿度的机会。

这无异于企业自己面向员工划出了一条低于真正用人红线的"标准线"，许多踏着这条"标准线"进来的员工看不到被企业刻意隐形的那条红线，以为自己与企业的用人需求是匹配的，可当他们真正开始工作之后，那条看不见的红线便开始发挥作用，开始向他们施加许多未曾预料到的压力。

有的人或许可以在这种"逼一逼"的状态中突破自己，得到成长，但更多的人显然会因为一开始便错位的认知，对自己产生怀疑，在这种自我怀疑的挫败感中，他们很难有信心认为自己还可以继续进步、

第6章 不断试错，跑上正确赛道

成长。

离开岗位，或者继续坚持但是让自己陷入生理心理双重压力的折磨，无论哪一种选择，显然都不会是企业与员工愿意面对的结果。

而这一行为实际上不仅会影响员工对自己将面临的工作和自我能力之间匹配度的判断，也非常容易让企业陷入识人陷阱中——企业没有办法在一开始就看清每个人真正具备的个人特性。**向他人打模糊牌的后果，就是让自己也陷入迷雾之中。**

我从小到大一直都是一个不喜欢和别人弯弯绕绕的人，十几年的打拼经历里，不可避免地也在那些爱弯弯绕绕的人面前吃过一些亏。因此，我自己的祺源，绝不被允许犯这样的错误。

事实证明，我的选择是对的。

向员工真实呈现这一行业的困难与压力，可以于最开始便有效筛选出在美容行业现况与祺源态度的双重标准下，确实拥有明确且坚定的意愿的人。而这一部分人里，有的人或许的确足以胜任，有的人或许稍有欠缺，但后者在心意念头上愿意给自己施加一定程度的压力，有想要追赶上这个标准的始于自己的动力。

所有这些人的意愿度都会是真实、可信的，也是最能匹配祺源需求的，双方都不需要再额外花精力和时间去猜测对方的底线，不仅少了对员工的折磨，也少了许多对企业自己的拖累。

祺源对一线员工所需特质的**第二个要求，便是员工的企图心**。

这种企图心在实际工作、生活中的重要体现，就是个人的学习热情。学习这件事，实际上无论对任何人而言，都是一生的事业，但真正愿意学习，对学习抱有强烈意愿的人，却并不算十分常见。尤其是对于祺源来说，许多员工初来乍到时都没有美容行业的基础，所有的一切都要认真从头学起，因此一个人是否真正愿意沉下心来学习，并且督促自己进行高效的学习，是需要重点考察的关键点。

当他的企图心够重、够明确时，他的学习热情与专心程度也会显而易见。

由于我自己的经历与出身，我并不是特别在意每一个员工的基础。相比这一点，我认为一个人能否成功，是否值得我另眼相看的根本，在于他是否对自己选择的路有明确的企图心，是否能因此保持谦虚爱学的热情，是否时刻想让自己得到"好"的结果。所以，我一直都十分关注员工这方面的状态，会定时搜集、了解员工的学习计划及任务，以及考核他们的学习成果，通过这些了解并判断他们的企图心是否与祺源的发展要求相吻合。

虽然一个人的基础会有很大的成长空间，但究竟这个成长空间能得到怎样的对待，是由一个人的企图心掌控的。只要一个人能牢牢地把握住每一次成长机会，积极改变自己，他的成长便很容易带来令人意想不到的惊喜；但如果一个人自己都没有这份企图心，他就难以在往后的时间里实现蜕变，企业即便在他身上花费再多的培养精力，也很难收获成果。

关于体现个人企图心的学习态度，我曾经向企业员工分享过这样一个选择题。

一个人面前摆放着三个杯子，一个杯口向下，一个杯底有破洞，一个杯内有很恶心的脏东西。他被要求在不改变杯子现有状态的情况下，选择一个杯子并向其内部倾倒干净的水，能接满一整杯干净的水

第6章 不断试错，跑上正确赛道

才算胜利，那么他应该选择哪一个杯子？

我在第一次向员工抛出这个题目时，所有的人都面面相觑。

的确，每个人都意识到，如果我们不能改变任何一个杯子的现有状态，那么第一个杯口向下的杯子，水是完全倒不进去的；第二个杯底破洞的杯子虽然能接水，但却会一边接水一边漏水，永远也无法真正被倒满；而第三个杯内附着着脏东西的杯子，水一倒进去便被污染了，不再是一杯干净的水。

想要用这些杯子装一杯干净的水，我们只能选择先改变杯子的状态——将第一个杯子摆正，将第二个杯子的裂口补上，将第三个杯子清洗干净。

其实，这三个杯子的状态正好就对应着我们的三种学习态度：当你对需要学习的内容十分抗拒不肯接受时，你便什么都得不到；当你对需要学习的内容表现得漫不经心，边听边忘的时候，你也许会暂时收获一部分东西，但却没有办法完全了解并且灵活地运用，随着时间的流逝，你原本以为掌握了的东西也会慢慢流逝；当你对需要学习的内容抱有成见时，你从一开始就没有办法得到真正的内容。

我们都知道尽可能地接收到"一杯干净的水"是最有价值的学习态度，能做到如此专注的企图心，也是祺源的最佳选择。

"一个不爱学习、不愿学习的人，基本上这个人我们是没有办法改变的。"这是我每次向员工解释学习热情的重要性时，会和他们反复强调的事情。而给每一个愿意成长的人成长的机会，是我十分乐意去做的事情，也是祺源一直以来都在努力成全的事情。

通常来说，能做到以上这两点的，都会成为祺源内部的一线员工，能挑起祺源的工作重担，成为祺源的重点培养对象，同时，也相当于成为祺源领导团队的预备队。**但是如果是要从这样一群精兵里面挑选出祺源的强将，这两点还远远不够。**

我对一个人能否成为祺源团队中的领导，增加了一点要求，**这第三点要求便是能否处理好人际关系，是否有团结友爱的意识。**

对于一个企业而言，团结，自然是尤为重要的一点。团结这件事，是必然会落在每一位员工肩头的细节性事情，它并不是企业自己每天喊喊口号就可以实现的目标。而能让这种细节性意识落实、渗透到员工中，就是一个人身为领导必须起到的带头作用之一。当一个团队每个人能力都不差的时候，一个拥有爱心，愿意帮助他人，愿意无私分享自己的工作经验的人，就是最适合成为领导的那个人。

因此，祺源对具有领导能力之人的考核、筛选，不仅仅会局限在业务环节，还会下沉到他们的生活细节与情绪状态中。祺源会着重观察他们在平时的工作与生活中，究竟是愿意彼此帮助、互相关爱的团结分子，还是自私自利、个人为先的"独狼"。

针对这一点，祺源同样设置了两到三轮的观察考核，宿舍式的集体生活极大地方便了我们对绝大多数员工的了解与判断。同时，祺源的领导层也不会仅仅只做一名冷漠的观察者与判官，当员工之间出现一些矛盾与误会时，我们也会及时安排沟通与疏解，并且会在这个过程中挖掘哪些员工可以通过引导培养团结友爱的态度，哪些员工有能力主动处理相关的问题与危机，哪些人可以充当团队成员之间的粘合剂、缓冲剂……

其实对于这一点的考核也十分简单，比如我们会观察老员工是否会主动帮扶新员工，如果一名顾客并不是他自己的顾客，但他仍然能做到在不抢夺客户的前提下，主动为表现欠佳的新员工提供帮助服务，甚至主动教他、引导他、带他，那么这位员工肯定拥有极高的团结友爱的信念感。

"人需要单纯一些，不要想得太多，不求回报算不得什么吃亏的事情，你对别人好，总有一天会有10倍的人对你好，就这么简单。"这是我一直以来的想法，也是我始终希望祺源内部的每一位员工，尤其是每一位领导，都能做到的模样。

所有考察结果，都会是祺源评判员工能力与岗位的重要依据。尤其是员工针对职场中人际关系的态度，对于他们是否值得进一步的培养，以及下一步的培养方向，有着举足轻重的关联度。

在前两点上表现良好的员工会被祺源划分为值得重点培养的一线员工，而如果一个人在第三点上能表现优异，便会成为祺源赖以信任的领导。经历过之前的"三关"和这一轮的三点特质评判过后，能被留在祺源的员工已经基本被细致地划分到不同量级的赛道上，适合被重用、树立为销售标兵的员工，适合成为店长的员工，适合被培养为经理的员工……这种划分对于企业用人以及员工自己明确成长方向而言，都是极大的帮助。

而不同的赛道之间也并非各自独立，它们一环扣一环，遵循循序渐进的规律，当一名员工在自己原本的赛道内已经取得优异的成绩时，祺源将及时把这名员工带到拥有更高难度的赛道，并因材施教。

6.3 唤醒员工思想，成立人才培育中心

完善的用人机制可以帮助祺源迅速筛选出具有较高培养价值的员工，也方便了祺源和员工自己准确找到每一个人的发展前景与方向。但是，一个人具有潜能与潜能是否可以被完全激发出来是两回事，就像如今已经成长为姜总的小姜，他自身的能力与能量一直都是他与生俱来的潜能，可是在当初那家连锁企业里，他一直以来都只是一名默默工作三年多的技师。

为什么他能有后来如此不一般的表现呢？因为我**唤醒了他的思想**。

唤醒一个人的思想当然不是一句简简单单的"我让你当店长"就行。最开始我与小姜沟通后，他不过也只是憋着一股证明自己的气选择了留下。"想做领导"这件事，是他在当初的企业兢兢业业三年多都没有得到足够认可而令他萌生的自我证明的方式，可是实际上，他当

第6章　不断试错，跑上正确赛道

时并没有发自内心地认真规划过一份大事业。

在带他的一个多月时间里，我深刻意识到小姜的实际潜能绝不是一个店长或者小领导的职位可以匹配的，他还可以驾驭更多，但要让他完全发挥出所有的潜能，我还需要唤醒他更多的思想成为动力。

准备离开山东来到南京时，他对我的坚定追随，让我看到了唤醒他的好时机。

在离开山东的火车上，我询问他有没有想过离开家乡前往一个陌生城市工作的选择，对于他的人生来说意味着什么，他似乎此刻才第一次认真地思考这个问题，沉默半晌后摇了摇头。

我知道他的家庭背景，从小在农村长大，家庭条件一直比较艰苦，家里全部的经济收入都依赖父亲在村里开的一个小店，当初选择进城打工的他，一开始也是为了能帮助父母承担一些生活压力。他很孝顺，这是他身上最大的闪光点之一，但他所选择的孝顺父母的方式却又略显笨拙，不过这也是他足够踏实的一种表现。

一个大男人，最重要的品性就是孝顺，虽然他在孝顺父母这件事上已经做到了大众标准，可仅仅达到及格线的孝顺，对于他的个人能力而言，显然并没有拼尽全力。

"你的能力和潜能，完全可以让你实现更高级的孝顺。"

我告诉他，孝顺并不只是简单的为父母分担压力，孝顺的真正体现，是要超越自己的父亲。"你的父亲在家乡开个小店，一年能挣个十万八万，你作为他的儿子，是不是可以在赚钱养家上超过他呢？你是不是可以努努力去挣100万呢？"

小姜在听到这个数字的时候表现出了不可思议，100万，这些惹眼的成绩或许曾经是他某个转瞬即逝的念头，但从来没有真正成为一个他会为之冲刺的目标。

"其实我和你一样，来自农村，家里条件并不好，可能我比你还要更艰难一点，因为我是个女孩子，没有多少村里人会告诉一个女孩子'你的人生可以有出息'。"

我明白他的心情，向他一五一十地讲述了自己的经历。一个被所有人天天念叨着"好好学会所有的家务，以后嫁个好人家"的女孩子，一个被亲生父亲一而再、再而三地打击，甚至刻意刁难的女孩子，我是怎么从漫天的成见中坚持下来的，我是怎么一次次坚定自己的信念，把所有人都当做玩笑话的梦想变成触手可及的现实的……

讲述自己人生的过程，同样也是为小姜梳理人生方向与梦想高度的过程。在稍显杂乱的列车车厢里，我花了差不多四个多小时为他梳理清楚往后的人生梦想，我的经历给了他很大的动力去相信自己可以拥有更高的梦想，自己可以憧憬并努力实现更好的生活。

我告诉他，如果自己的父亲曾经想过要在城里买房，作为一个想要孝顺父母的儿子，就有责任为这个梦想而努力，虽然我们每个人都没有能力保证自己的成功，但至少我们要向着这样的方向与目标全力拼搏一次。

"我们能不能做到，让父母向周围人聊起我们的时候，脸上全是抑制不住的喜悦？能不能让他们由衷地感觉到自己的孩子多厉害，打心眼里为我们感到骄傲？"

当我抛出这些问题的时候，我在小姜脸上看到了满满的憧憬与期待，这让我意识到，我的这番唤醒的确是成功的——在我的唤醒之

第6章　不断试错，跑上正确赛道

下，他的确感受到了一股之前没有意识到，但又确实贴合他自身心意的冲劲儿。

在此之后，小姜便开始了更积极、刻苦的学习，在南京的这段工作也成为小姜真正意义上的成长。

我们在南京遇到的工作难题比在山东要棘手许多，当初之所以匆匆回到南京的门店，其实最重要的原因是南京市场在那时到了危在旦夕的境遇，亏损严重——一个城市有30多家店，然而一个月却只有200万元左右的业绩，这在行业内是大亏损的状态。

回到南京之后，我只用了六天的时间，靠一直以来的经验与能力让这30多家店在南京市场拿到了580万元的业绩，平均下来几乎一天100万元，创造了"巅峰100"的奇迹。

这在整个行业都是让人难以置信的成果，这也是小姜真正意义上与我第一次并肩作战，这样的成果再一次给了他极大的震撼，也让他进一步明确了自己可以实现的未来。我当初与他的谈话内容，在他心中生出了更坚固的信念。

我们在南京工作了大概七个月之后，便一起离职开始了新的创业——这也是祺源成立的开端。在与我共同创业的日子里，他的主人翁意识飞速提升，各方面的能力像是冲破了一层层束缚一般，进入了一个与之前在山东时截然不同的成长状态。

全新成长阶段的他，也很好地辅佐了我。对于我自己来说，这是我重新开始的第三次创业，压力自然也比之前大了许多。但一方面这是在跌倒过的地方重新爬起的机会，我不会接受自己在同一个地方摔倒两次，另一方面，正如我丈夫所说的，一次失败对于饱经磨难的我来说不算什么，但对于跨过小半个中国追随我的徒弟——才二十出头的小姜而言，却可能是巨大的人生打击。因此，我也鼓足了劲儿向自己的梦想狂奔。

两个齐心协力为梦想拼尽全力的人自然不会失败，我成功了，祺源成功了，小姜也在接下来的时间里逐渐收获了属于自己的"全胜"。他是个顾家、踏实的好男人，即便在城里生活这么久，自己的条件也日益改善，但一直都没有任何不良嗜好，甚至仍然保持着勤俭节约的省钱性子。在祺源的这10多年里，他不仅出色地胜任了祺源总经理的职位，还在南方买了八九套房，比我的资产还要多。

小姜的成功，让我明确意识到了唤醒员工思想的重要性。的确，每一个人都会有追求更好生活的想法与冲动，但不一定每一个人都有勇气相信自己的想法有实现的可能性，而更多的人，甚至从来没有认真思考过这个问题，因为机遇这件事实在是太过于可遇不可求。

我们绝大多数人，都是被长辈的评价引导着长大的人。多数长辈在教育孩子时都不会意识到，针对自己孩子表现的"鼓励"与"认可"有多重要，相比于为孩子梳理、规划一个"定制性"的未来，长辈更习惯于聚焦自己的孩子与大家口口相传的"好孩子"相比，多了哪些错误。但对于自己的孩子真正应该、真正适合成长为一个什么样具体的成功模样，却又哑口无言。

农村孩子的原生家庭环境则更不乐观，除了上述"通病"，长久的农村生活让这一部分长辈都已经习惯了与城里人有差距的人生状态与生活方式，这种妥协让他们下意识地更加放低了针对自己孩子特性的期待，甚至放弃了去关注孩子的追求与成长，往往囫囵地提出"学点文化有出息""考上大学有出息"之类的要求后，便"万事大吉"。

　　成长于这种环境的人，如果不是他自身原本便具备足够强大的自信力与信念感，并且可以先依靠自己的认知与渴望描绘出一个清晰的未来，的确很难自主改变自己的观念与人生，这也进一步印证了员工需要借助外部力量唤醒内部潜在思想与能量的重要性。

　　一直以来，我都以小姜的成功为荣，每一次祺源的内部会议或者学习场合，我都会以他的经历为例，向所有的员工传递这一份令人钦佩的积极与坚定。但是，这种性质的动员，显然并不足以达到让如今在祺源小获成功阶段便进入这里的大家，都为此热血沸腾的程度。

　　小姜跟着我的时候，已经近距离地感受到我是如何一次次盘活效益低下的店面，也亲身体验到我是怎样通过自己的方式激活、培养员工，我是如何相信自己员工的能力，又是如何在特殊境遇下全力保障自己员工的晋升机会与机遇……所有这些，他全部都切身经历过。

　　另外，在祺源创业之初，我们一切都为零，因此每一步应该踏在哪里都非常明确，缺什么补什么，需要什么就做什么。可是现在，所有选择祺源的员工都已经站在了一个明确的位置上，"如何变得更好"和"把东西做出来"相比，成长路径显然模糊了许多。除此之外，每一个员工的个人能力也不尽相同，小姜的个人资质原本就比普通员工要高出许多，在自我要求与领悟能力上也占有优势。

　　因此，小姜可以在我还没有归纳、总结出足够规范、细致的育人规则时就无条件地信任我，跟随我的节奏走，可其他人却不一定能够做到。

　　对于没有与我一起奋斗过的绝大多数员工来说，一个已经成功的榜样离他们实在还是有点遥远。都说"乱世出英雄"，小姜是在创业"乱世"中磨炼出来的"英雄"，他们的处境已经与当初小姜所面临的情况截然不同，祺源又该怎样让他们相信，如今的他们，仍然可以得到祺源的鼎力支持，仍然可以像我一样成为自己理想中的样子呢？

我意识到，小姜的这一场"全胜"不应该就这样被闲置，我既然能让小姜成功地复制我的圆梦之路，就一定还可以让更多的人复制这条路。

但在初具规模的祺源，让我自己再像当初带小姜那样一对一地去为每一个员工带路，确实已经不再现实了，思来想去，成立人才培育中心的想法忽然间在我的脑海中冒了出来。我是毋庸置疑的行动派，在产生这种念头的第一时间，我就开始在脑海中规划如何将这个想法落地。

在祺源成长到快要六岁的时候，人才培育中心终于尘埃落定，而人才培育中心的落定也昭示着祺源步入了一个全新的成长阶段。

实际上，成立人才培育中心也是为了实现我在漫漫拼搏路上滋生的那个个人愿景，即希望能让这群有机会进入祺源的农村孩子们得到快速成长。因为这样的念头，我一直以来都将所有员工视作自己的家人，但如果仅有这份情感的支撑，显然并不足以实现我的愿景，而此时此刻成功落地的人才培育中心，终于为我与所有员工之间真正搭建起一个共同进步、共同成长的平台。

正式开始"培育"工作之前，我会认认真真地先做好**唤醒**工作。

在这里，我会告诉他们我是如何从农村一步一步走出来，我会向他们展现我过去所有的经历，无论是取得的成功，还是遭遇的失败，都是我宝贵的人生阅历。这份阅历的宝贵之处，不仅仅体现在我自己的成长上，还因为它们将成为所有员工的经验，为他们"避雷"，从而持续贡献力量。

我还会为他们分析自己的原生家庭，分析自己所接受过的家庭教育，帮助他们理解我们这种农村家庭父母的教育里什么是可取的，什么是不可取的，而我们又该如何去分辨自己身上哪些是可以保留的好的因素，哪些是可以改变、摒弃的负面因素。

来到祺源的员工，许多人一开始只是抱着"来到城里寻找一份收入还不错的工作"的想法。如果单纯只是看这一点，祺源显然绰绰有余，但这还不够，我要告诉他们不能满足于现状，永远不能。

"20年前，我没有觉得我太穷，但是今天，我觉得我非常'穷'，因为我真的很渴望成功，渴望获得更多的成功。如果你们问我，今天我是否成功，我会告诉你们，其实还差很远。"

当我在人才培育中心的课堂上向员工说出这段话的时候，我是在提醒他们，努力、坚持、不安于现状，是祺源员工应该始终保持的常态。学会不满足，学会扩大自己的梦想，才能更好地鼓舞自己在美容行业一直坚持下去，并且不容易被飞速迭代的市场给抛弃。

让父母过上好日子的方式那么多，为什么我们偏偏要选择自己完全不懂，还时时刻刻承受着巨大学习压力的美容行业呢？为什么我们一定要将父母与家庭抛在脑后，一年到头脚不着家地在城市里拿这份来之不易的工资呢？你坚持打工的意义，你拼搏到底的信念……所有这些的支撑点又在哪里呢？

其实就在心中的梦想上。

因为心中有梦想，所以我们找到了坚持这些事情的意义，我们生出了让自己拼搏到底的信念，这样的信念一旦生成，哪怕是吃饭、睡觉、做梦的时候，你都会有迫切的想要实现它的欲望，而这种欲望将会转换成一种责任。

为什么同样是美容行业，祺源走到今天，身边已经倒下了无数同一时期与祺源同一级别的企业，可我们却能坚持到现在？其实很简单，因为我们不满足，因为我们要的更多，每次当我们快要实现一个目标的时候，又会为自己制定一个更远大的梦想，一步一步地，这些梦想就成了助我们攀登的阶梯。

实际上，成立祺源人才培育中心有一个最大的初衷，便是企图激发更多的人成为我的合伙人，就像当初的小姜一样。现在，这个阶梯将不仅仅是我自己的，它将成为祺源每一个员工实现自我的阶梯，而我，就是那个挖掘他们自我、唤醒他们思想的人。

6.4　全方位标准化、流程化、体系化

唤醒员工内心深处的自我思想之后,祺源便要开始抓员工的工作与学习了,而针对这两个方面,祺源始终坚持可以做到全方位的标准化、流程化、体系化。

定下这一方向的原因,也是源于我的打工经历教会我的重要内容。在我的体悟里,一个企业的所有制度,只有做到全方位的标准化、流程化、体系化,才能规避许多企业发展道路上的常见问题。

当时我的第三份打工工作,也就是在真正的电子开关厂打工期间,经历过人生中印象最深刻的一段职场中的"勾心斗角"。那时的我会在最后时刻选择离开电子开关厂,除了因为我找到了更合适的出路以外,还因为我已经实在难以忍受厂里的工作氛围。

一切都源于厂内那些习惯了偷奸耍滑的同事们。

我想成为你

我们每天在厂里有固定的工作量，第二天会对前一天的工作任务进行核对。因此，加班的情况时常有，理想状态下，每个人都应该在确认自己当天工作任务已经足额完成的时候才离开工作区。

那时我刚刚进厂，由于我的工作态度严谨认真，虽然话少但性格爽快，同事便时常来找我帮忙。一开始还只是一些细碎零散的小忙，渐渐地，他们越来越理所当然地依赖我，每一天临近下班的时候，有一些人就会找各种借口让我帮忙完成他们的工作任务，然后自己下班离开。到最后，他们甚至不会再与我说明情况，反正我都会做好检查帮他们完成剩下的工作量。

虽然我对他们的意图心知肚明，但我并不想和他们在这种小事上浪费争论的时间。这期间，和我一起留下来加班的同事，偶尔也会因为实在看不过去这群人这样欺负我，让我做完自己的活就走，不要任由他们这样"压榨"，可我最后只是回她一句"就当吃亏是福吧"。这的确是我在被他们欺负时自然萌生的念头，至于能因此得到什么福，当时我的心里并没有任何的底气。

事情的转机，出现在电子开关厂某一个发工资的下午。那天两名同事忽然在厂里吵了起来，起因是其中一个人认为两个人的工资出了问题，仔细听了一会儿我才明白，原来是一个人比另一个人少了十几块的工资。

这两个人平时的工作量与工作难度基本没有差别，但不知道为什么出现了工资不同的情况，少拿了十几块的人认为对方偷偷和组长搞好了关系，多拿了十几块的人坚称是对方自己爱偷懒被扣了工资……不过只是十几块的事情而已，偏偏两个大男人硬是在所有人面前争得脸红脖子粗。

组长了解到二人的争吵之后，皱着眉说："就十几块的事情，至于吵成这样吗？不能好好说话吗？再说了，你俩的工作都是你们自己完成的吗？小佘每天晚上加班到深夜都是因为谁啊？"

原来我本以为自己在默默付出的事情，竟然被组长看在了眼里。这两个吵得不可开交的男人，就是平时到点就下班、余下的工作总是需要我来完成的同事，他们会为了十几块钱的不公平据理力争，却对我这么长时间以来的帮助闭口不谈。

他们不是不懂得工作与金钱回报之间的公平关联，只是他们不愿意遵守没有标准化条约限制的规则。组长虽然也很清楚我额外多做了许多的工作，但为了尽可能地省下开支、避免口舌，也从未对我的额外付出做过任何表态。而所有这些不公平——无论是那十几块的不公平，还是我这里无人在意的不公平，都源于这个电子开关厂的绩效考核不够标准化。

如果大家的绩效考核足够标准化，所有这些不公平与矛盾自然而然便不再存在。

正所谓以小见大，在我开始着手祺源的发展经营之后，我认真地将祺源所需的所有制度与规则，都做了标准化处理。

首先，将祺源所有面向员工的基础制度标准化。

基础制度的标准化有利于员工管理，更有利于员工进步，同时，还能起到增强企业团队凝聚力、互信度的效果。

比如我们的员工薪资构成，普通员工和一线员工、管理人员和店长、经理和合伙人……不同级别的员工都会有公开、透明的薪资构成，每一个人拿到手的每一分钱，在祺源都是可以摊开来、摆上桌谈论的。这样的氛围可以极大地降低员工之间产生猜忌、妒忌、愤懑情绪的概率。同时，当这些制度与服务在实现了标准化与流程化之后，它们也都在相互作用下，形成了极具效用的管理体系与服务体系。

比如我们针对店长与门店经理的职能，也会给出细致的相关标准。为此，祺源为店长与门店经理分别设置了非常明确的合格线，相关标准除了对店长与门店经理的个人能力、团队业绩等常规考核项作出了要求外，还会考察他们带徒弟的能力与进度，并且这也是祺源着重考核的大项——一名合格的店长需要管理好并成功带出三名优秀员工，而一名合格的门店经理则需要管理好并成功带出五名正式店长。同时，我们针对应该如何建设团队也做出了标准化的规范，提炼出了"团队建设六步法"等多种清晰、明确的标准化方法与制度。

其次，祺源在企业发展过程中最为重要的一点，便是建立祺源特有的人才培育板块体系，这一点也是祺源员工管理标准化的一种升级。

最开始决定成立祺源人才培育中心时，除了明确我们的初心与方向，我们还认真思考了一个问题：我们的人才培育中心，究竟是想要培养一个什么样的人才？

我给出的答案是，需要同时满足**个人特质与祺源的人才需求高度匹配，具有较高的可复制率，以及尽可能低的跳槽率**。

解决了"培养一个什么样的人才"的问题之后，就需要考虑怎么真正落实具体的人才培养体系了。尤其是针对前两点，我们有了想法，有了标准，可是这些标准化的内容应该怎么形成切实可行的流程与体系呢？在这种思考里，**祺源"师带徒"制度下的透明化晋升通道由此**

第6章 不断试错，跑上正确赛道

打通。

师带徒制度的推行，使得我在强调的一个人是否具有团结友爱意识的特质，便体现出了很强的重要性。一个人想要实现个人职业道路上的晋升，必须通过在师带徒制度中拿到成绩这一方式争取机会。

比如，祺源虽然对一名合格的店长与门店经理分别划出了清晰的标准线，可一名优秀的店长应该怎么成为一名合格的经理呢？

在这一点上，祺源鼓励所有想要实现职业晋升的员工自己招人自己带，只要能靠自己的能力，按照祺源的标准成功带徒出师，就有机会得到晋升机会。如果能成功让自己的两名徒弟成为B类员工，师父就可以从员工转为实习店长，等到他手里的第三个徒弟出师时，他就可以成为正式店长。

如果店长不满足于现在的位置，还想要实现更大的个人价值，他可以选择突破祺源为正式店长划下的业绩合格线，完成更高一级的业绩，并在达到这一业绩的过程中，不再只是以B类员工为自己带徒的目标，而是以培养一名实习店长为目标带徒。当高一级的业绩与实习店长的培养都达成后，他就可以晋升为实习门店经理。此时，如果他能将团队业绩的等级再提升一级，就可以成为正式门店经理。

这一套由师徒制贯穿打通的晋升标准，也是祺源制度流程化、体系化的重要体现。在这条完整、清晰的职业晋升路线里，每个人都有公平、透明的成长机会，每一个徒弟都能以自己的师父为目标，让"我想成为你"的念头成为自己成长的最大动力与方向。

而针对这样的晋升通道，祺源的人才培育中心还为员工设计了人才培育目的明确的四类班级：岗前班、销售复制班、店长班和经理班。

我想成为你

岗前班，顾名思义是针对新加入祺源的员工开设的班级，主旨是为了让美容行业的"小白"能够在15天的时间内熟悉所有的专业操作，同时非"小白"的新员工也会在这15天内重新学习、熟悉祺源的定制仪器与产品手法。学习过程中祺源会严格落实"师带徒"及相关考核，并在最后评定上岗资格。

销售复制班是为了培育A+员工，也就是我们常说的一线员工，这类人才的目标并不仅仅是拿出漂亮的业绩，还需要有带新兵的能力，可以成为一个小团队里的主管。

店长班是为了培养合格的店长，在店长班里，导师除了会向学员们介绍、讲解店长相关的技能技巧以外，还会对一些美容品项的问诊流程、成交流程进行严格的考核，当主管学员能拿出连续三个月独立成交一定额度基础卡的成绩，并且成功带出一名三个月内任意一个月拥有特定业绩数额的美容师徒弟时，就会成为祺源店长团队的预备人员，向实习店长的位置努力。

经理班是为祺源培养合格的经理人才，这又是一个全新的挑战，因为经理需要胜任店长培养、顾客管理、员工管理这三大板块的工作任务，每一个板块下还有更加详细的工作项目分类，对每一类工作项目，祺源都设有体系化的标准与要求。

无论是由师徒制主导的职业晋升路线，还是祺源人才培育中心设置的培训班级，都脱胎于我对小姜的培养，也成型于小姜的自我成长。

在这种师徒制的培养中，小姜一步步成长、晋升为如今祺源的合伙人。而在依照这一培养模式建成的祺源人才培育中心里，还涌现出了一位又一位的"骄子"。

第6章 不断试错，跑上正确赛道

曾经，王总不过是一位刚刚踏入美容行业的"小白"。对于进入这一行业，她没有太细致的规划，也没有多远大的打算，不过是一位既想谋求工作机会，又天生爱美的一位普通人。机缘巧合下，她知道了美容行业，认识了祺源，就这样一头埋进了未知的浪潮中。

让她没有想到的是，祺源不仅仅给了她工作的机会，更给了她全新的生活方向。在我们的影响下，她开始重新思考自己的价值与人生的意义，开始探索祺源人的更多可能性。于是，在祺源的10年里，她花了一年时间从美容师做到店长，又花了将近两年的时间当上了门店经理，一年之后，她已经成为祺源的营销总监。又过了三个月的时间，当初那位零基础的"小白"已然成长为拥有近两万客户的大区域总经理。在加入祺源10年后，她的月薪相比认识祺源前增加了近100倍。

有多少人能在短短不到五年的时间里在一个领域成长为独当一面的总经理呢？又有多少人可以花不到十年的时间就彻底改变自己，乃至全家人的命运呢？但祺源帮助王总做到了，并且还能帮助她实现更多。在王总的心里，这是一场奇迹，同时也并非奇迹，因为在祺源，只要你肯干、踏实，找到自己想追随的信仰，你就有十分清晰的实现道路——而在这个过程中，包括我在内的众多祺源人都会为你助力。

对于这一点，如今在祺源成就了上万客户的艾总也深有体会。

在来到祺源之前，她是另一同行企业的店长，既不清楚自己应该去往哪里，也不清楚自己可以达到怎样的高度。可是来到祺源之后，一切都不一样了。在祺源的人才培育体系下，每一位加入祺源的人都可以得到系统性的专业技能培训，并且所有的培训都会有细致的后续落地指导。

这是与其他同行企业最大的不同之处，许多美容企业虽然也会有自己的内部培训，但往往大家上大课一样地学过之后，企业便不会再继续详细关注所有人的学习效果与进度了。祺源却会持续追踪大家的学习成效，并以师徒制的方式，关注并加强每个人后续的学习进度与实操效果。

这份用心不仅让艾总十分感动，也给了她更大的希望与更强的动力，去努力实现以前不敢奢求的目标。时至今日，她也成长为区域总经理，拿着与之前相比提升了近15倍的月薪。

截至2021年年底，祺源人才培育中心的四大班级在师徒制的加持下，已经陆续为祺源输送了几百名优秀骨干，其中销售复制班为祺源累计输送了300名A+员工，店长班为祺源累计输送了100名"331"合格店长，经理班为祺源累计输送了20名"551"合格经理……

从小姜开始，祺源口口相传的成功案例一个又一个，这种像雨后春笋接连冒尖的现象，正体现了我对祺源人才培育结果的第二个要求，即较高的可复制率，它让我对每一个人的承诺落地变得非常扎实，不再只是口头许诺的一纸空想——我们的确有方式、有路径、有机会让每一个从农村来到城市的人复制我的成功路，成为像我这样的人。

除此之外，前面提到的第三点，即**尽可能低的跳槽率**，可能比较容易被忽视，但它的确是个非常严肃的问题。

美容行业发展至今，虽然在市场方面这一产业已经逐渐成熟，但人才培养这一块儿仍然进步迟缓。美容行业人才的培养一直都更加依赖企业自身的资源，并不像其他的技术工种一样，有大规模的职业院校提供培养资源。另外，美容项目的服务手法以及仪器操作基本上大同小异，因此不同的美容企业对专业技师的技能需求并不存在太大的差异性。同时，由于行业的特殊性，一名专业技师的实践资历——也就是他的从业时长——会给他的人才属性带来相当大的加成。

这些因素共同引发的效果就是，比起企业自己花精力与时间培养一名技师，大家都更愿意去其他的美容企业"挖墙脚"，同行之间为了恶性竞争疯狂挖人。这一点也是祺源在四岁的时候，遭遇过的最大危机。那一阵祺源的员工跳槽率骤然上升，群策群力后，我们调整了祺源接下来的产品策略，几乎重新设计了与美容品项相关的所有内容。

当时，其实我自己原本还没有"产品差异化"这一意识，甚至对这五个字都有些一知半解，但实际上，我们正是在实现祺源品牌在美容市场中的差异化。具体来说，我们先将祺源的所有美容产品都和同期市场常规美容产品做出了明显的区分，从仪器到技师手法，我们都进行了定制——定制出了一整套祺源专属的产品仪器与内部手法。也就是说，祺源大大小小的美容仪器，以及各类技师的服务手法，都是出了祺源就再也寻不见的东西。

在这一套"独门秘籍"中成长起来的祺源员工，他们的经验、资历所带来的价值加成，便只有在祺源才能起效。如果其他同行来挖祺源的员工，由于其没有办法提供能与祺源员工技艺相匹配的产品与仪器，那么挖走的便只是一个仅仅会使用基础手法的员工，那些在祺源可以"镇场子"的技师，可能需要进行全新的学习与培训才能正常上岗。

这种全方位差异化的产品升级，便是祺源与其他同行竞争的优势，而这种独一无二的美容产品配套，也能增强员工对祺源的认同感与自豪感。双重加持之下，产品升级既保护了祺源的人才资源，也让祺源的员工拥有了留在祺源的信心。

除了人才成长轨迹在三大班级的设置下呈现出清晰的体系脉络，**祺源每一堂课程从零到整的诞生，也同样有属于自己的体系化流程**。

虽然前面说人才培育中心这一机构的诞生，有一部分原因是我实在没办法像带小姜那样再一个一个地亲自带徒弟了，但我始终也没有因此而放手整个人才培育计划。

祺源人才培育中心的每一堂课，都会在我这里严格把关。

第一眼，我会看它的源头，即导师本人的讲义，以及他为课程制作的PPT。每一个PPT在正式摆上课堂之前，都需要在我这里过最后一关，我会亲自听这位导师将准备好的课程从头到尾讲一遍，并细致地考察他的课程PPT。里面出现的任何一个问题，不论多小，都会被我当场指出，并要求及时修改，如此反复循环，直到由我确认准确无误之后，这堂课才会安排到相应的班级里。

第二眼，我会看课程是否已落地实操。无论是销售复制班、店长班，还是经理班，每一堂课都需要有对应的教练下到门店手把手地协助课程实操的落地，这也是祺源人才培育中心最大的特色之一。许多企业都会为自己的员工设计诸如此类的人才培育机制，但极少有企业会督促相关课堂实操的落地，因此他们的学习、培训转化率并不乐观。而祺源并非如此，我们都会在这一环节专门配备教练协助落地，让所有的学习、培训内容尽可能多地在员工身上及时转化。

第三眼，我会看课后巩固管控。祺源人才培育中心的每一个班级，都会在课堂现场和课堂结束后安排相应的通关演练，我们会对这一课后巩固行为进行追踪管控，以确保每一堂课的效果都能发挥到极致。

第四眼，我会看榜样。这一点很好理解，就像我们上学时，每一个班级都会在特定的时期评选学习标兵、三好学生等学生榜样一样，榜样存在的意义就是具化标准、树立目标，只有在这种具有竞争氛围的拉练模式下，员工才能在各个学习阶段保持足够的冲劲儿。

当然，有奖就有罚，有评优就肯定会有淘汰，在奖罚机制与淘汰机制上，祺源的人才培育中心也做出了非常标准化的规定，这也顺利让祺源的整个人才培育逻辑形成了稳固的闭环。

清晰可见、有理有度的人才价值实现路径，是祺源培育人才的工具，也是员工信任祺源的基石。是它，让"我想成为你"成为一个可以摸清脉络与方向的具象化目标。

第7章
顾客至上，价值超越预期

实际上，我认为在任何一个服务企业，真正完美的留客行为都是以诚待客、达成预期。只有这种留客方式，才能让一个人、一个团队，乃至一个企业，真正在行业中形成广为流传的扎实口碑，才能让顾客感受到自己被重视、被真诚服务。众多服务行业始终秉持的"顾客至上"之理念，也不会再仅仅停留在喊口号的阶段，而是会在这种态度的坚持中真正渗透到行业中的每一个环节，影响顾客也影响自己。

诚信，是一个企业安身立命的基础，更是一个企业想要长足发展的根本。我这一路走来，无论是默默无闻的打工仔时期，还是成为一家美发店的小老板时，甚至在我第二次创业失败、人生跌入谷底的时候，都始终在自己的内心中与行为上秉持着诚信的理念。即便如今我已经成功打造出了祺源这一连锁品牌，但我仍然对于自己的初心保持着最全面的坚持。

7.1 成为健康肌肤定制领导品牌

对我自己的员工,我讲究"言必信,行必果",面对我的顾客时,这一点依旧至关重要。

当初在美发行业进行第一次创业时,我对当领导、管团队、待顾客等方面其实并没有做太多深入研究,全部的注意力几乎都集中在自己的技术和与人沟通的技巧上。但即便如此,我的美发店最终还是收获了很好的发展,不仅第一家店成为凤凰街的招牌,后面还陆续开出了六七家小连锁。

这对于一个原本位于街边的小门面,和一位暂时还没有过硬的企业经营本领的初学者而言,是一件十分惊喜的事情。但我心中一直清晰地明白,能让我这样的初出茅庐者收获如此成绩,最为重要的原因,其实是我面对顾客时的至诚至信。

任何一个行业都会有大大小小的不合理现象，美发行业也不例外。实际上，有一些无论是从业者还是顾客都习以为常的"不良习惯"，美发行业至今仍然没有完全杜绝，甚至有些话术与行为已经成为众人日常调侃的玩笑之一。

在美发店，最为常见的行为之一就是大家都会将许多明星的大头照张贴在推拉门后或店内的墙上，无人过问时，这些发型各异的明星可能只是装饰店面的点缀，但有人询问时，明星们的发型便会成为店内师傅的"美发菜单"，营造出一种店内的美发师似乎无所不能的氛围效果。

可事实上，绝大多数师傅的技术虽然不差，但小门面的师傅很多时候也就只是能应对简单发型而已。大多数情况下，一旦来到店里的顾客提出高于他们美发技术的要求，他们往往并不会第一时间坦陈自己的能力，有的人甚至为了隐瞒自己的能力问题，反过来将问题原因归在发型或者顾客身上。

对于这些美发师而言，发型的效果远没有在当下把顾客留住重要，在一段生意的一开始就向顾客坦白自己的能力弱点是绝不会发生的事情。于是，美发程序结束后，他们通常会花费大量的口舌为不如预期的发型呈现效果找借口，譬如解释图片中的发型有其他临时性操作的加成，譬如将造成这种效果的源头推向顾客的发质过硬，譬如暗示顾客一开始就应该选择更贵的药水……

这些情况放到现在也仍然常见，这种"糊弄"顾客的方式也让我身边的人中过"招"。

我的一位朋友有一阵忽然热衷于在美发店烫发，一开始的时候，她还会先在网络上精挑细选出自己想要的发型，试图让美发店的师傅为她还原，但几乎每一次在店里拿出图片时，美发师都会摇摇头说这样的发型是临时吹出来的效果，单纯烫发的话根本无法实现图片里的状态。

随后，美发师往往会脱离朋友的图片参考，简单确认一些最基本的问题便上手开始操作，最终做出来的发型却大多是街头大同小异的卷发，许多时候甚至连之前询问环节的顾客需求都没有实现。

由于一次两次在不同的店里都碰了壁，长此以往，朋友也对烫发这件事失去了信心，相信了美发师众口一词的说辞，对他们的技术没有了更多的要求，对每一次新发型的预期也一降再降。

关于这一认知的反转发生在后来一家新店的烫发体验中，朋友这次没有再自己找参考，接待她的美发师却给了她寻找参考图的时间，虽然面对朋友的选择时这位美发师也给出了与之前大同小异的反应，却在最后又多加了一句话："这个图片是刚刚吹完的样子，不过我尽力试试。"

没想到不过是多了一句"尽力试试"，这位美发师便让朋友第一次在美发店中享受到了贴合预期的美发体验——最后的烫发成效与参考图片并没有太大的区别，而且在美发师的护发建议下，发型效果在后续的日常生活中也得到了较为长效的延续。

直到经历了这一次烫发，这位朋友才意识到，之前的那些烫发经历，并不是每一次她都正好选中了普通烫发技术难以实现的发型，而是接待她的美发师自己存在技术问题，又或者是工作态度有问题，可他们总是习惯性地将问题全部推在其他方面，唯独对自己的能力缺项避而不谈，利用顾客对专业人士的信任，让对方最终"降级消费"而

我想成为你

不自知。

在这次体验之后，朋友不再光临之前常去的那几家美发店，每次想要尝试新发型都会选择这家新店，有时即便预约不到那位一开始接待她的美发师，她也没有在店内其他美发师那里踩过"雷"。

当她向我吐槽这段经历时，记忆中那些独自经营美发店时的遭遇又重现在我眼前。那时我的第一家小店能够在凤凰街突出重围，成为一整片街区住户的首选，也正是与这位朋友选择新店有相同的原因——我能达成顾客的预期。

美发这一行，并不是什么利润丰厚的职业，门槛低，上手容易，所以许多人学好了技艺皮毛，弄清楚了仪器的操作方式，就匆匆开店赚钱。而对于每一个生意行当来说，留客都是尤为重要的一环。当自己的技术不达标，难以满足顾客五花八门的需求时，当顾客的选择实在麻烦，需要耗费更多的精力与时间时，为了先留住顾客，各种含糊其辞、避开实情的糊弄便几乎成了美发师傅心照不宣的固定话术。

留客，不仅仅要考虑留住眼前的客人，还要思考怎么能让顾客在一次体验与消费结束后还愿意回到这里。显然，当你能达成顾客预期的时候，便自然而然地让顾客对你本人产生了依赖。如果我们选择只顾眼前，用含糊甚至夸张的言辞去粉饰自己的不足，既不愿意以真实的能力面对顾客，也没有信心弥补自身的缺陷，的确也能在短时间内花费相对轻松的精力收获些许成效，但却难以拥有能将此状态长时间维持下去的底气，更不可能让自己成为顾客心中的优先选择，甚至唯一选择。

实际上，我认为在任何一个服务企业，真正完美的留客行为都是以诚待客、达成预期。只有这种留客方式，才能让一个人、一个团队，

第 7 章　顾客至上，价值超越预期

乃至一个企业，真正在行业中形成广为流传的扎实口碑，才能让顾客感受到自己被重视、被真诚服务。众多服务行业始终秉持的"顾客至上"之理念，也不会再仅仅停留在喊口号的阶段，而是会在这种态度的坚持中真正渗透到行业中的每一个环节，影响顾客也影响自己。

因此，在从事美发行业的近10年间，我从不会在任何一个环节糊弄顾客，每一个进到我店里的顾客，他们提出什么样的要求，不论过程有多麻烦，如果我能做到便都会尽力做到。如果是因为我自己的技术难以胜任的，我也会在一开始便坦诚地解释清楚为什么无法替他实现想要的效果，并根据我的经验向他做出其他推荐。顾客是留在我这里继续做发型，还是另外选择其他的美发店做尝试，我都会给予充分的尊重，让他在完整了解实情的情况下做出自己的选择。

经营美发店近10年，我从来都不会在自己的美发技术上对顾客遮遮掩掩，也不会用那些模糊的话否认顾客的预期。许多我在刚开店时难以实现的发型，后续也会利用空闲时间认真琢磨，用心练习。在我看来，这种真诚反馈的态度不仅仅是对顾客讲诚信，也是对我自己美发师身份的尊重与诚信。我首先是一位服务者，我选择的职业是满足大家对发型的需求，只有真实的满足，才对得起我手中的剪刀。

久而久之，大家都记得凤凰街上的我是位值得信赖的美发师，只要是我应下的生意，他们拿着什么样的发型图来，就能带着什么样的发型回去。也因为我对复杂发型的态度从来都是钻研学习，而不是借口推辞，大家也更放心将自己的头发交到我手里。

这一习惯自然也被我带到了美容行业中，在正式创立祺源的前身之前，我在深入了解美容行业的过程中也目睹了许多同行企业中存在

的乱象，首当其冲的自然也是诚信问题。

在美容业刚刚普及的阶段，许多人对美容院望而却步的原因不仅仅是因为价格，更多其实是对效果没有信任。我在某大型连锁美容院任职时，着手处理过许多在其他美容院上当受骗后来我们这边寻求修复与治疗的顾客。他们无一例外是在一开始听信了上一家美容院言之凿凿的承诺，却又没有得到应有的效果，甚至部分顾客出现了负面效果之后，又被对方百般糊弄、搪塞。

出现诚信危机的美容院，无外乎就是这几种常见问题：夸大自己的项目效果，隐瞒技师的真实能力，在美容产品上以次充好，在效果周期上虚假承诺……

所有这些在一个美容院最基础的产品与服务上做出的"糊弄"，都是没有真正坚守住"顾客至上"的本心。他们每一句经不起推敲的承诺，都在蚕食广大顾客对整个行业的信任。他们心中并没有爱人的意识，因此既不在乎每一位上门顾客的身心健康，也不在意每一位同行是否会因此蒙羞。

在经历过这样的美容体验之后，还愿意再寻找其他美容院的顾客属于少数，更多拥有相同经历的顾客，仅仅因为这一次不如意的体验，便会将整个行业都划进"黑名单"，甚至在论坛、自媒体等平台以自己为反例，向更多的潜在消费群体宣传这一行业有多不值得信任。

这种损人不利己更坑害其他无辜同行企业的行为，一直是我心中最唾弃的。

诚信，是一个企业安身立命的契机，更是一个企业想要长足发展的根本。这一路走来，无论是默默无闻的打工仔时期，还是在做一家美发店的小老板时，甚至在我第二次创业失败人生跌入谷底的时候，我都始终在自己的内心中与行为上秉持着诚信的理念。即便如今我已经成功打造出祺源这一连锁品牌，但我仍然秉持着自己的初心。

因此，我在对祺源所有产品与服务的审视上，始终都会着重关照诚信问题：产品的质量、服务的效果、技师的能力、后续的保障……能让祺源对顾客做出承诺的任何一个方面，都一定会是祺源真实能够做到的事情。虽然每一个企业都要追求盈利，但一直以来，祺源都没有将赚钱当做开店的首要目的，而是以服务顾客为己任。

这也正是我会将爱人的能力加入甄选员工与管理人员的基础标准的原因：只有每一个让企业动起来的员工，每一个让企业跑起来的管理者，都能学会爱人，做到爱人，才能真正做到以诚信为本，坚持顾客至上。而当我们万事以诚信为先时，成为中国健康肌肤定制领导品牌的企业愿景，才会实现。

7.2 做一家透明化企业

每一位踏入祺源的女性，都是想来祺源寻找女性永葆青春、美丽的秘籍，但她们又不可避免会对祺源抱有一丝怀疑。这时候，祺源最需要摆出来的不是硬件或软件上的实力，而是自己的真诚度。

对于一位企业家而言，真诚对待自己的员工及顾客，不该仅局限在语言和情感上的表现，这些层面的关怀与付出再多、再真挚，它们最多也只是额外的激励性内容。对于一家企业来说，无论是面向员工，还是面向顾客，如何能让他们直观感受到自己从这家企业获得了利益，或者直观感受到自己的利益在这家企业得到了保障，才是真正能让他们切实感受到企业真诚度的地方。

在面向顾客方面，祺源始终坚持让一切服务流程透明、公开。可是怎么才能做到让顾客相信祺源的服务是透明、公开的呢？

我做出的最重要的一步，就是让祺源的收费变透明。

大家都明白，我不止一次近距离接触过行业中的乱象，这一点一直都是我实在无法忍受的地方。而面向每一位顾客公开我们的收费标准，便是对行业乱象的绝佳反击。

开诚布公的收费标准，让每一位祺源员工在面对顾客的时候都更有底气，也让每一位带着怀疑与忐忑走进祺源的顾客都可以第一时间放下紧张与警惕——我们不会"看人下菜"，更不存在"杀熟"等各种奇葩操作。无论是节假日期间，还是日常工作日，我们都是明码标价的一口价。

除此之外，我们对美容项目也做了更加透明的优化处理。

在祺源成立四年的时候，我们遇到了一次幅度较大的人员流失，那一次人员流失最后追溯到的根本原因是店内的美容品项实在是太多了。差不多60个品项里，绝大多数都是一部分高管为了哄顾客多花钱而自行编纂的项目，项目功效与服务手法都很混乱，员工很不容易学会并记住，也出不来效果与成绩。

意识到这个问题之后，我立马组织召开内部研讨会，前前后后花了一整年的时间，终于将店内的60多个品项砍到最后只留下五个核心品项。

这一次，相当于剥掉了套在服务项目上花里胡哨的各种外衣与装饰，拿出了最干净、透明的五副骨架。这一举动不仅没有让祺源的业务成绩掉下去，反而获得了极大的提升——毕竟精简之后的品项，无论是在人才复制速度上，还是在顾客接受、理解程度上，都有非常大的帮助。

我想成为你

当然，祺源认真做到的透明，肯定远不止这些，而无论是对自己员工所做到的透明，还是面对顾客所做到的透明，祺源选择做一个透明企业的勇气与底气，都源于祺源一步一个脚印打下的扎实基础，以及不曾改变的初心。

7.3 把健康和美丽带给更多女性

祺源从诞生伊始，便始终秉持着让天下女性更健康、更美丽的宗旨。作为一家集生产、销售、服务、运营为一体的大型连锁美容企业，祺源自2010年创立以来，一直都致力于打造更适合天下女性的肌肤健康定制中心，研发出一个又一个注重以内养外、双重养护原则的服务品项。

祺源为了能够向自己的顾客提供更安全、更有效的产品，一直坚持与顶级权威皮肤科研机构合作，陆续研发出许多先进的护理概念及高品质的系列产品，将最先进、最前沿的美容技术都融入祺源的服务品项。譬如为女性提供最为合适的、结合了天然植物精粹与当代先进生物科技技术的肌肤健康定制服务。

实际上，这些内容是美容行业里的任何一家企业都可以承诺，甚至做到的事情，如果祺源只是像上述文字一样做好自己的本职工作，它肯定是不足以承担起"把健康和美丽带给全中国女性"的责任。

为了让祺源能够**真正做到把健康和美丽带给全中国女性**，我实际上将祺源身上的责任划分为三个板块。

第一个板块是员工层面。

员工是一个企业的基础，如果一个企业连为员工负责都不能做出保证，那么这个企业便无法在任何风雨里站稳脚跟。

一如我前面所言，现在已经彻底改变了生活环境的我，再回过头来看时，最为挂念的就是我的员工。二十出头的这群小姑娘小伙子，一个个都像20年前的我自己。虽然现在的我已经实现了最初想要孝顺家人、改变命运的梦想，但我并没有因此感觉到卸下了重担，反而认为自己接下了更重的担子。

员工就像是祺源实现"把健康和美丽带给全中国女性"这一使命的基石，只有员工首先能在祺源站稳了，祺源才能专心地完成自己的使命。

第二个板块是顾客层面。

祺源的顾客，永远是全中国女性举足轻重的一部分，正所谓"一屋不扫，何以扫天下"，如果祺源连自己领域内的一亩三分地都照料不好，又怎么能指望祺源可以实现更远大的使命呢？

同时，祺源的顾客与全中国女性的差距，也正是落在顾客本人身上，我们只有对顾客的体验、人数等各方面都负起责任来，才有机会服务更多人，才能真正处理和解决更多的健康问题，也正是这样，才能一步步踏实地向最终使命靠近。

第三个板块是行业层面。

基于这一层面的重要性和复杂性，的确是许多企业都难以做到的大难点。

就如我前文所说，一些经营中的乱象在扰乱整个美容行业的正常秩序，更是在不断耗损顾客与美容企业之间本就不算特别坚固的信任。祺源想要"把健康和美丽带给全中国女性"，自然是要先争取到全中国女性对美容行业，至少是对祺源的信任，为了争取到这一点，祺源必须不断升级、不断做大。

在这一点上，祺源从来都不是空喊口号，从成立至今，祺源一直都在努力收购美容行业的亏损店，而且这些亏损店欠下的外债祺源都会负责解决。

而我们在接受这些亏损店的同时，也会无条件接受店里的老顾客。我们接受老顾客的诚意十足，哪怕对方是在店里办了10万元、20万元的卡，这些钱因为原老板跑路我们一分都没有拿到，我们也仍然会按照老顾客的充值额度提供对应价值的服务。

这个责任，我来承担，我有能力承担，我也愿意承担。

这不仅仅是我对自己的承诺，也是我对整个行业的承诺，而只有我脚踏实地地对这两个承诺认真负责后，我才能心有底气地让祺源扛起"把健康和美丽带给全中国女性"的使命大旗。

经历了这一切后，祺源仍然在不断地自省、升级、进步，这是我们一直以来的生存准则，也是我为祺源定下的规矩，更是我交到每一位祺源员工手中的鞭策力量。在我们人才培育中心的课件上，有这么一段话：

起心动念为顾客解决问题，全心全意为顾客服务。

发自内心思考顾客反映的问题。

心心念念地期盼顾客满意。

所有工作围绕服务顾客而准备。

全心全意做好每一次接待与服务。

优质服务、超值服务，从而更好地为天下女性服务！

这是祺源所有员工发自肺腑的真诚之声。

　　我们或许还没有百分之百地做到每一条，但我们每一天的努力，都是在尽全力将每一条做到极致。从最开始我只是想为自己母亲的健康负责，到之后我想为全家人的健康生活负责，再到后来我想要让每一个我遇到的人都能健康美丽，一路走来，我自己，我通过祺源，已经一步步实现了许多。

　　但大家都明白，我是一个不会满足的人，到了现在，我希望祺源可以再向前迈出踏实的一大步——把健康和美丽带给全中国女性，我有信心，祺源也有信心，接下来，我将带领祺源来赢得全中国女性的信心！

后　记

在真正开始这本书的写作之前，我很少有时间能完完全全地沉下心来详细回顾自己的过去。我的确经常与自己的员工聊起过去，但它们始终像是没有组合在一起的拼图碎片，每一次拿出来时，都只能看到某一个片段的风景，并没有办法直观地让人一眼看到一切，看到每一片拼图碎片的轨迹。

直到我开始写这本书。

我亲手将一片片拼图贴合在一起，它们的相互影响，它们的成长轨迹，它们在我整个人生历程乃至祺源成长历程中的意义与作用，就这样清晰又直接地展现在我的眼前。

其实有时候，人在成长过程中很少会刻意去寻找自己每一步的成长轨迹，许多的改变与决定，都是在潜移默化中实现的。也正是这本书给了我完整盘点自己人生的机会，这时我才发现，原来有更多我没有意识到的抉择，早在一开始就有迹可循。

如今祺源的使命是让天下女性更健康、更美丽，正如大家在这本书的前半部分读到的那样，这对于最初决定长大后离家打拼的我而言，原本是从来没有设想过的未来。可后来，它的到来却并不突然，反而像是我注定要面临的一个未来——相比由意外造成的幸运，它更像是一场注定。

　　我曾希望自己可以有能力让母亲收获快乐与健康，这是我第一次为自己许下坚定的人生目标。可惜，理想往往并不是自己的心足够坚定就能实现，命运给了我一个又一个的磨难与挑战，让我不得不和最开始的理想擦肩而过，但它们也像是指路牌，引导我慢慢放开了自己的眼界——吃过的苦越多，我不仅越能和我一样身陷苦难的人共情，也越想让自己的能力影响到更多的人。

　　因为我自己的路，就是在一次又一次与善良之人的偶遇与帮助下走出来的，他们不一定拥有和我一样的出身，也不一定拥有和我一样的经历，甚至有的人不一定收到了我的求助，但他们却都同样给了我足以改变人生的帮助。

　　中国人一向看重报恩，当初在砖窑厂将衣服留给我的同乡，我在成功创业后第一次回乡时就回馈了这份恩情；父母给予我生命并将我拉扯大的付出，我年年月月地铭记，并无条件地回馈着这份恩情；还有所有信我助我的妹妹弟弟和祺源人，我自始至终的坚持，以及为培养他们付出的心血，也都是我对他们恩情的回馈……

　　可是我真的回馈了所有人吗？那些在无形中为我指点迷津，让我在一片混沌里豁然开朗的人，他们早已和我走散在这个世界，甚至可能他们自己都没有意识到，当初自己的只言片语，就是帮助我拨开迷雾的那双手。

　　难以忘记，那位用自己健康又美丽的状态让我从此对城市生活心生向往的邻家姐姐；那位因美丽、自信的气质让我决心也要成为这样的人，并找到实现梦想的另一条路的大姐；那位用专业、地道的足疗手法，让我亲身感受到普通人的身体健康有多么重要，并找到更明确

后 记

的人生目标的技师……他们当时的一言一行或许只是无心，可却实打实地在我的成长道路上起到了举足轻重的作用。

我意识到，我对他们这份帮助最好的回馈，就是也用自己的健康与美丽，感染更多的人。

而这些需要我改变与感染的人，就是我的每一位客户。

祺源的诞生，就像是对我这一生阅历的浓缩、总结与延续，不应该只有加入我们、陪伴我们的人才能从中获益，那些仅仅与我萍水相逢的客户，她们同样可以感受到这份激励，这份由健康、美丽的人生带来的自信与改变。

如果也能让我所有的客户们在踏入祺源之后，在感受到健康与美丽带来的力量之后，产生想成为像我一样自信的女人的心愿，我这一路的坚持，就有了更为厚重与闪耀的意义。也正是为了这一步不同寻常的报恩，我们对自己的产品与服务更加专注、细心与认真——当你想要成为陌生人心中的榜样，成为陌生人改变自己的动力时，让自己无限接近完美，是唯一负责的选择。

这是我正在做，也将一直做下去的事情，这同样也是祺源每一步向上、向前的动力。在接下来的时间里，我将带领祺源，尽早实现为万人提供就业机会，并培养出6000名以上的优秀合伙人的目标。无论是在当下，还是未来，我都希望，我的选择与经历可以成为每一个遇见之人的成长方向。

佘桂荣

2022年9月